中国水利教育协会　组织

 全国水利行业"十三五"规划教材（职工培训）

台风防御基本知识

主编　张晨辰

主审　程　静

www.waterpub.com.cn

·北京·

内 容 提 要

本书内容共分五章，分别是：第一章台风的基本知识，第二章基层防汛防台体系，第三章台风的防御措施，第四章防汛防台水利工程基本知识，第五章台风防御典型案例。此外，由于基层水利员的工作对象多为基层群众，考虑到许多基层水利员专业的多样性，增加附录一洪涝台风灾害急救知识以及附录二洪涝台风相关名词解释。本书充分体现以学员为主体的教育理念，以提高学员从业综合素质为目标，叙述力求简洁、概念清晰、通俗易懂，内容上结合近年来防御台风的实际案例。

本书主要针对水利基层职工、乡镇水利员继续教育、新型农业培训编写，也适用于高等及中等职业院校相关专业学生学习参考。

图书在版编目（CIP）数据

台风防御基本知识 / 张晨辰主编. -- 北京 : 中国
水利水电出版社，2018.12
全国水利行业"十三五"规划教材. 职工培训
ISBN 978-7-5170-6986-7

Ⅰ．①台… Ⅱ．①张… Ⅲ．①台风灾害－灾害防治－
职工培训－教材 Ⅳ．①P425.6

中国版本图书馆CIP数据核字(2018)第232334号

书　　名	全国水利行业"十三五"规划教材（职工培训） **台风防御基本知识** TAIFENG FANGYU JIBEN ZHISHI	
作　　者	主编　张晨辰 主审　程　静	
出版发行	中国水利水电出版社 （北京市海淀区玉渊潭南路1号D座　100038） 网址：www.waterpub.com.cn E-mail：sales@waterpub.com.cn 电话：(010) 68367658（营销中心）	
经　　售	北京科水图书销售中心（零售） 电话：(010) 88383994、63202643、68545874 全国各地新华书店和相关出版物销售网点	
排　　版	中国水利水电出版社微机排版中心	
印　　刷	北京合众伟业印刷有限公司	
规　　格	184mm×260mm　16开本　5.75印张　136千字	
版　　次	2018年12月第1版　2018年12月第1次印刷	
印　　数	0001—2000册	
定　　价	**18.00元**	

前言

台风是我国东南沿海夏秋季节常见的天气现象，是一种危害性很强的灾害性天气系统，它带来的大风、暴雨、风暴潮破坏力极大，易造成巨大的危害。因此，认识台风并了解台风的基本概况、理解台风产生的原因及危害特点、学习掌握防御台风的基本知识、提升防灾减灾和应急处置能力，是每位水利工作人员必须掌握的基本知识和技能。

本书是针对水利基层职工和乡镇水利员继续教育、新型农业培训而编写的，充分体现以学员为主体的教育理念，以提高学员从业综合素质为目标，叙述力求简洁、概念清晰、通俗易懂；内容安排上力求结合近年来防御台风的实际案例，从基层水利员的工作岗位和工作实际出发，突出实用性和操作性，提高一线基层水利工作者防台风和应对灾害的能力。为了便于学员学习和教师使用，各章开篇增加了本章学习任务，各章后设有复习思考题，书后附有名词解释，使学员明确学习任务，能自主进行能力训练，同时方便教师教学。

本书内容共分为五章，包括台风的基本知识、基层防汛防台体系、台风的防御措施、防汛防台水利工程基本知识和台风防御典型案例。

本书编写人员及编写分工如下：浙江同济科技职业学院程静编写第一章和第四章第二节，浙江同济科技职业学院王雪编写第二章和第四章第四节，浙江同济科技职业学院张晨辰编写第三章、第四章第三节和第五章，浙江同济科技职业学院郑荣伟编写第四章第一、第五节。本书由张晨辰担任主编并负责全书统稿，王雪担任副主编，程静担任主审。

本书编写过程中，参考了较多的文献资料，谨向这些文献的提供者致以诚挚的谢意，本书的编写也得到各位编审人员及浙江省水利厅、浙江省水利河口研究院等单位的支持，在此对他们表示衷心的感谢！

由于编者水平有限，书中难免存在缺点和疏漏，恳请广大读者批评指正。

编者

2018 年 8 月

目　录

前言

第一章　台风的基本知识…………………………………………… 1
　第一节　初识台风………………………………………………… 1
　第二节　台风的危害……………………………………………… 2
　第三节　台风的益处……………………………………………… 6
　第四节　台风影响的危险地带…………………………………… 6
　复习思考题………………………………………………………… 6

第二章　基层防汛防台体系………………………………………… 8
　第一节　组织指挥体系…………………………………………… 8
　第二节　基层防汛防台体系建设………………………………… 10
　复习思考题………………………………………………………… 19

第三章　台风的防御措施…………………………………………… 20
　第一节　台风的预警等级………………………………………… 20
　第二节　防台的日常准备………………………………………… 22
　第三节　各类群体的防台措施…………………………………… 24
　第四节　水利员防台各阶段的工作重点………………………… 29
　第五节　防台的工程与非工程措施……………………………… 31
　复习思考题………………………………………………………… 34

第四章　防汛防台水利工程基本知识……………………………… 35
　第一节　水库……………………………………………………… 35
　第二节　拦河坝…………………………………………………… 40
　第三节　海堤工程………………………………………………… 48
　第四节　水闸……………………………………………………… 53
　第五节　排涝泵站………………………………………………… 65
　复习思考题………………………………………………………… 68

第五章　台风防御典型案例………………………………………… 69
　第一节　历年强台风盘点………………………………………… 69
　第二节　台风"莫拉克"…………………………………………… 70
　第三节　台风"菲特"……………………………………………… 71
　第四节　飓风"桑迪"……………………………………………… 73

复习思考题 ……………………………………………………………… 75

附录一　洪涝台风灾害急救知识 ………………………………… 76

附录二　洪涝台风相关名词解释 ………………………………… 81

参考文献 …………………………………………………………… 83

第一章 台风的基本知识

第一节 初识台风

一、什么是台风

台风是一种热带气旋。热带气旋（tropical cyclone）是发生在热带或副热带洋面上的低压涡旋，是一种强大而深厚的热带天气系统。它如同流动江河中前进的漩涡，在热带或副热带洋面上绕着自己的中心旋转同时又向前移动。在北半球，热带气旋中的气流绕中心呈逆时针方向旋转，在南半球则相反。热带气旋中心风速持续在 12～13 级称为台风（typhoon）或飓风（hurricane），一般在北大西洋及东太平洋的热带气旋称为飓风，而北太平洋西部和南海则称为台风。

二、台风的形成

在海洋面温度超过 26℃以上的热带或副热带海洋上，由于大气发生的一些扰动，局部湿热空气膨胀上升，使洋面气压降低，这时上升海域的外围空气源源不断地补充流入上升区，在地球自转偏向力的影响下，流入的空气旋转起来。当上升空气膨胀变冷，其中的水汽冷却凝成水滴时，要放出热量，这又助长了低层空气不断上升，使地面气压下降得更低，空气旋转得更加猛烈，这就形成了台风。

三、台风的结构

台风是一个深厚的低气压系统，中心气压很低。在低层，有显著向中心辐合的气流；在顶部，气流主要向外辐散。如果从水平方向把台风切开，可以看到有明显不同的三个区域，从中心向外依次是台风眼区、云墙区和螺旋雨带区。台风眼平均直径 25 千米，多数为圆形，台风眼里风平浪静，天气晴朗。台风眼的周围是宽几十千米、高十几千米的云墙区，也称眼壁。云墙区狂风呼啸，大雨如注，天气最为恶劣。云墙外是螺旋雨带区，有几条雨（云）带呈螺旋状向眼壁四周辐合，宽约几十千米到几百千米，长约几千千米，雨带所经之处会降阵雨，出现大风天气。

四、台风的级别

根据台风底层中心附近最大风力的大小，可将台风划分为热带低压、热带风暴、强热带风暴、台风、强台风及超强台风 6 个等级，见表 1-1。

五、台风的命名

在有国际统一的命名规则以前，同一台风往往有数个称呼。我国从 1959 年开始，对

表 1－1 　　　　　　　　　　　　　　台 风 等 级 划 分 表

台风等级	底层中心附近最大风力	底层中心附近最大平均风速	
	级	m/s	km/h
热带低压	6～7	10.8～17.1	39～62
热带风暴	8～9	17.2～24.4	62～88
强热带风暴	10～11	24.5～32.6	89～117
台风	12～13	32.7～41.4	118～149
强台风	14～15	41.5～50.9	150～183
超强台风	≥16	≥51	≥184

发生在北太平洋西部和南海，近中心最大风力达到 8 级或以上的热带气旋（台风）每年按其生成时间的先后顺序进行编号。编号由 4 位数组成，前 2 位表示年份，后 2 位表示当年台风的序号。如 2015 年第 9 号台风（灿鸿），其编号为 1509。

为了避免名称混乱，世界气象组织（WMO）台风委员会第 30 次会议决定，西北太平洋和南海的热带气旋采用具有亚洲风格的名字命名，并决定从 2000 年 1 月 1 日起开始使用新的命名方法。该命名方法由台风周边国家和地区共同事先制定的一个命名表，按顺序年复一年地循环重复使用。命名表共有 140 个名字，分别由世界气象组织所属的亚太地区的柬埔寨、中国、中国香港、中国澳门、朝鲜、日本、老挝、马来西亚、密克罗尼西亚、菲律宾、韩国、泰国、美国以及越南共 14 个成员国和地区提供，以便于各国人民防台抗灾、加强国际区域的合作。

表中由 14 个成员国提出的 140 个台风名称中，每个国家和地区提出 10 个名字。中国提出的 10 个台风名字分别是：龙王（后被"海葵"替代）、悟空、玉兔、海燕、风神、海神、杜鹃、电母、海马和海棠。

台风的命名，多用"温柔"的名字，以期待台风带来的伤害较小。但同时世界台风委员会有一个规定，一旦某个台风对于生命财产造成了特别大的损失，该名字就会从命名表中删除，空缺的名称则由原提供国再重新推荐。如台风"云娜"，意为"喂，你好"。但据统计，"云娜"台风在浙江造成 164 人死亡、24 人失踪，直接经济损失达到 181.28 亿元，它被永久性除名，退出了国际台风命名序列。

第二节　台 风 的 危 害

台风是一种破坏力很强的灾害性天气系统，它具有突发性强、破坏力大的特点，是世界上最严重的自然灾害之一。除了会引起大风、暴雨、风暴潮等直接危害外，还会引发山洪、泥石流、山体滑坡等次生灾害。

一、台风的直接危害

（一）大风

台风最直接的危害是带来大风，当风力达到 12 级时，垂直于风向平面上的风压可达

到 $0.92kN/m^2$，极具破坏力；超强台风的风力可达 16 级以上，破坏力更大。狂风可颠覆海上船只、摧毁房屋建筑、高空设施及广告牌、行道树、电力通信线路、农作物等，并威胁人员安全。

大风的危害首先表现在对房屋的影响和危害上。根据建设部门的分析，当风速达到 $60m/s$ 时，相应风压为 $2.25kN/m^2$。按照《建筑结构荷载规范》（GB 50009—2012），温州沿海 50 年一遇的基本风压取值仅为 $0.6kN/m^2$，100 年一遇为 $0.7kN/m^2$，远远不能够抵御台风的袭击。由于缺乏规划，选址不当，农房没有连片建设，结构、构造不合理等因素也会导致抗风能力弱。设计、施工不规范，建材质量差，以及建设质量监管缺位，都会导致农房无法抵御台风。

大风的危害还表现在对海上船只和避风港的影响上。海洋渔业部门的研究表明，避风港容量不足，普遍存在航道窄小、港地淤浅、泊位不足、设施不完善等现象，同时船只的抗风能力不强，渔船通信手段落后，加上部分渔民存在侥幸心理，没有及时采取撤离避灾措施，极易导致超强台风来临时船只倾覆、沉没，避风港内船只相互碰撞，撞击堤岸，毁坏设施。

大风的危害对基础设施的影响较大。首先表现在对电力设施的影响上，由于抗风设计标准低，设计风速取值偏低，输出线路管理难度大，往往会导致电杆折断、输电铁塔损坏、断线、电网跳闸等大面积的断电现象；第二，大风对通信广电设施的影响也很大，超强台风易使架空导线遭到破坏，引起干线中断，基站停止工作，网络中断，其主要原因是标准化的设计施工不能适应防御超强台风的要求，基站电源保障能力不够，户外设施维护难度大；第三，大风对港口设施也有较大影响，超强台风易造成港口设施，特别是起重设施滑移、倾覆；泥沙骤淤，也会严重影响航道的正常使用；最后，大风对市政设施也会产生严重的影响，表现在狂风吹倒建筑物，吹落高空物品、设施，毁坏标志标牌，危害公共安全，其主要原因是市政设施涉及的部门多，管理、维护难度大。

（二）暴雨

台风是带来暴雨的天气系统之一，在台风经过的地区，可能产生 150～300mm 的降雨，少数台风能直接或间接产生 1000mm 以上的特大暴雨。短时间内如此集中的雨量在任何地区都能造成洪涝灾害。台风暴雨具有强度强、总量大的特点，引发洪水频率高，波及范围大，来势凶猛，破坏力极大，可致使大范围城镇、村庄、农田受淹，冲毁道路、桥梁、电力通信杆塔、变电站、通信基站，淹没供水水厂，造成停电、停水、交通及通信等中断；冲毁堤防、堰坝、灌排设施，甚至造成水库漫顶垮坝。台风暴雨如果发生在山区小流域则会引发山洪和泥石流、滑坡等次生灾害，具有突发性强、破坏力大的特点，易造成人员伤亡。台风暴雨会造成频繁的洪涝灾害，影响范围广，经济损失严重。

（三）风暴潮

台风使海水向海岸强力堆积，导致潮位猛涨。强台风暴潮能使海面上升 5～6m。若风暴潮与天文大潮高潮位相遇，常产生狂风、暴雨、高潮"三碰头"，产生特高潮位。风暴潮还可倾覆海上船只，冲毁海塘堤防、涵闸、码头、护岸、避风港及其他临海设施等，造成海堤决口、海水倒灌，淹没城镇、农田，威胁人员安全。风暴潮的危害对沿海地区影响较大。沿海地区经济发达，经济要素和人口集中，因台风、暴雨洪水而造成的灾害损失巨大。

二、台风引起的次生灾害

许多自然灾害，特别是像台风这样等级高、强度大的自然灾害发生以后，破坏了人类生存的和谐条件，常常诱发出一连串的其他灾害。这些次生灾害和衍生灾害常常容易被人们忽视，从而造成重大人员伤亡和财产损失。台风的次生灾害包括暴雨引起的山洪、山体滑坡、泥石流等。另外，房屋、桥梁、山体等在台风中受到洪水长时间的冲刷、浸泡，即便当时没有发生坍塌，待台风、洪水退去后，由于上述原因容易出现房屋、桥梁坍塌等，一定要引起人们的高度警惕。

（一）山洪

山洪是洪水的一种类型，最常见的山洪是由暴雨引起的，通常指在山区沿河流及溪沟形成的暴涨暴落的洪水及伴随发生的滑坡、崩塌、泥石流。具有突发性、水量集中、流速大以及冲刷破坏力强的特点，常造成局部性洪灾。由于山区经济发展相对落后，预警预报设施不完善，故不能及时采取有效措施减少洪灾损失。加之对山洪灾害的规律性研究还不深入，目前还没有定量判别的标准，以往的山洪灾害防御预案操作性不强，山洪灾害预见性差，防御难度较大。

山洪冲毁房屋、田地、道路和桥梁，常造成人身伤亡和财产损失。例如，2005 年 10 月，"龙王"台风肆虐，强降水造成山洪暴发，冲击福州市区，造成福州市区 138km^2 受淹，最深达 5m，96 个居民小区停电、81 条公交线路停运、火车站停运、铁路中断、高速公路被淹，直接经济损失达 32.78 亿元。

居住在山洪易发区或冲沟、峡谷、溪岸的居民，每遇连降大暴雨时，必须保持高度警惕，特别是晚上，如有异常，应及时预警并立即组织人员迅速脱离现场，就近选择安全地方落脚，并设法与外界联系，做好下一步的救援工作。切不可心存侥幸或者为了救捞财物而耽误了避灾时机，造成人员伤亡。

遇到山洪应按照以下方法应急逃生：

（1）一定要保持冷静，迅速判断周边环境，尽快向山上或较高的地方转移；如一时躲避不了，应选择一个相对安全的地方避洪。

（2）山洪暴发时，不要沿着行洪道方向跑，而是要向两侧快速躲避。

（3）山洪暴发时，千万不要轻易涉水过河。

（4）被山洪困在山中，应及时与当地政府、防汛部门取得联系，并拨打"110"报警，寻求救援。

（二）泥石流

泥石流是指在山区或者其他沟谷深壑地形险峻的地区，因为暴雨、暴雪或其他自然灾害引发的，并携带有大量泥沙及石块的特殊洪流。泥石流具有突发性、流速快、流量大、物质容量大和破坏力强等特点。发生泥石流常常会冲毁公路、铁路等交通设施甚至会波及村镇等，常常会造成生命财产的巨大损失。

2004 年 8 月 12 日，台风"云娜"横扫浙江，给当地带来了一场 50 年不遇的台风灾害。8 月 13 日凌晨 4 时 30 分左右，"云娜"逐渐离开浙江，但出乎意料的是，温州乐清市的龙溪乡等 3 个乡镇突然遭遇特大山洪灾害及 9 起泥石流灾害，当即造成 29 人死亡、18 人失踪，灾情非常严重且救助难度极大。

一旦遇到泥石流，可按照以下应急措施逃生：

（1）泥石流是流动的，逃跑时不能沿沟向下或向上跑，而应向两侧山坡上跑，离开沟道河谷地带，如图 1-1 所示。

图 1-1　遇到泥石流向两侧山坡上跑

（2）不要在土质松软、土体不稳定的斜坡上停留，以免斜坡失稳下滑，如要停留则应在基底稳固且较为平缓的地方。

（3）不要躲在有滚石和大量堆积物的陡峭山坡下。

（4）不应上树躲避。因为泥石流的流动可以扫除沿途的一切障碍，所以上树逃生不可取。

（5）逃生时应避开河道弯曲的凹岸或地方狭小而低的凸岸，因泥石流有很强的冲刷能力及直进性，这些地方都很危险。

（三）山体滑坡

滑坡是指斜坡上的土体或者岩体，因受河流冲刷、地下水活动、雨水浸泡、地震及人工切破等因素的影响，在重力作用下，沿着一定的软弱面或软弱带，整体地或者分散地顺坡向下滑动的自然现象，俗称"走山""垮山""地滑"或"土溜"等。山体滑坡是常见的一种地质灾害。

2016 年 9 月 28 日，受台风"鲇鱼"的影响，浙江省遂昌县北界镇苏村发生山体滑坡，造成了重大人员伤亡和财产损失。此次山体滑坡塌方量 40 余万 m³，20 户房屋被埋，

17户房屋进水，10余人遇难，形成堰塞湖，救援工作十分困难。

如果遇到山体滑坡，应尽量做到以下几点：

（1）当处在滑坡体上时，首先应保持冷静，不要慌乱。慌乱不仅浪费时间，而且极可能让我们做出错误的决定。

（2）要迅速环顾四周，向较为安全的地段撤离。一般除高速滑坡外，只要行动迅速，都有可能逃离危险区段。逃离时，以向两侧跑为最佳方向。在向下滑动的山坡中，向上或向下跑均是很危险的。当遇到无法跑离的高速滑坡时，更不能慌乱，在一定条件下，如滑坡呈整体滑动时，原地不动或抱住大树等物，不失为一种有效的自救措施。

（3）对于尚未滑动的滑坡危险区，一旦发现可疑的滑坡活动时，应立即报告给邻近的村、乡、县等有关政府或单位以便做好应急措施。

（4）滑坡时，极易造成人员受伤，当有人员受伤时应立即拨打"120"呼救。

第三节 台 风 的 益 处

虽然台风给人们造成的大多是灾害，但台风也并非一无是处。

首先，台风为人们带来了丰沛的淡水。台风给中国沿海、日本海沿岸、印度、东南亚和美国东南部带来大量的雨水，约占这些地区全年总降水量的1/4以上。

第二，驱散热带、亚热带的热量。温度带中，靠近赤道的热带、亚热带地区受日照时间最长，台风可以驱散这些地区的热量至寒带；否则，热带将会更加酷热干旱，寒带将会更加寒冷，而温带则将会消失。

第三，有利于地球保持热平衡。台风最高时速可达200km以上，所到之处，摧枯拉朽，凭着这巨大的能量流动，使地球保持着热平衡，使人类安居乐业，生生不息。

第四，增加捕鱼产量。每当台风侵袭时，翻江倒海，可将江海底部的营养物质卷上来，鱼饵增多，吸引鱼群在水面附近聚集，捕鱼量自然提高。

可以说，台风在危害人类的同时，也在一定程度上造福和保护了人类。

第四节 台风影响的危险地带

台风影响期间，许多地方和设施会对人们的生命财产产生严重威胁，因此需要引起足够的重视，避免发生意外。应远离易发生溺水事件的海边、江边、河边、湖边以及库边；应避免在如广告牌、树木、电线杆、路灯、危墙、危房、棚架、脚手架、施工电梯、吊机、铁塔以及临时搭建物、建筑物等易倒建筑和高空设施附近避风避雨；身处于易发生山洪与山体滑坡、泥石流等地质灾害的山谷、溪沟、山和山脚等地方，应及时撤离至安全地带；应避免在低洼易淹的地下车库、地下商场、下沉式立交桥下、窨井附近等区域停留。

复 习 思 考 题

1. 什么是台风？台风是如何形成的？

2. 如何正确认识台风的影响？

3. 台风的级别是如何划分的？

4. 台风影响期间有哪些地带和设施存在危险、需要引起重视？

第二章 基层防汛防台体系

学习任务：

（1）了解防御台风的组织指挥体系和基层防汛防台体系。

（2）理解应急预案体系、监测预警体系、安全避险体系、应急救援体系、宣传保障体系及运行保障体系建设的要求和重点。

（3）以浙江省的防汛防台应急预案为例，掌握县级、乡镇级、村级及责任区各级防台组织相关责任人的职责，防御台风各阶段的工作重点和应急措施。

台风是我国东南沿海夏秋季节常见的自然灾害，东南沿海各省根据本省的实际情况分别制定了相应的防台条例和应急预案，下面以《浙江省防汛防台抗旱条例》《浙江省防汛防台抗旱应急预案》（修订稿）为例，介绍防台组织体系的构成。

第一节 组织指挥体系

省、市、县（市、区）政府设立防汛抗旱指挥机构，乡（镇）人民政府（街道办事处）和城镇社区、行政村等基层组织以及企事业单位，负责本行政区域或本单位的防汛防台抗旱和抢险救灾工作。有防汛防台抗旱任务的乡（镇）人民政府、街道办事处应设立防汛抗旱指挥机构，任务较重的设立办事机构。

一、省政府防汛抗旱指挥部

省政府设立防汛抗旱指挥部（以下简称"省防指"），负责领导组织全省的防汛防台抗旱和抢险救灾工作。

（一）省防指组成

省防指指挥由省政府分管、由副省长担任，副指挥由省政府分管、由副秘书长或省政府办公厅副主任、省水利厅厅长、省军区副司令员、省水利厅分管副厅长担任。

省防指成员由省水利厅、省军区、省武警总队、省委宣传部、省发改委、省经贸委、省教育厅、省公安厅、省监察厅、省民政厅、省财政厅、省国土资源厅、省建设厅、省交通厅、省农业厅、省林业厅、省卫生厅、省广电局、省海洋与渔业局、省旅游局、省粮食局、省供销社、浙江海事局、省气象局、省电力公司、省通信管理局、杭州铁路办事处、人行杭州中心支行、浙江保监局、省农行、省电信公司、浙江日报等单位和部门负责人组成。各级防汛防台组织机构如图2-1所示。

（二）省防指职责

在国家防汛抗旱总指挥部（以下简称"国家防总"）和省委、省政府领导下，具体负责组织、指挥、协调全省防汛防台抗旱与抢险救灾工作。

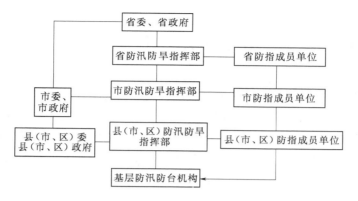

图 2-1　各级防汛防台组织机构简图

省防指的主要职责是宣传防汛防台抗旱知识与有关的法律、法规、政策和组织防汛防台抗旱的定期演练；组织编制并实施防汛防台抗旱预案，审定和批准重要江河洪水调度方案、重要水库控运计划、抗旱应急供水方案，以及有关规定、规程、办法等；组织开展防汛防台抗旱检查，督促相关部门、单位及时处理涉及防汛防台抗旱安全的有关问题；组织会商全省的汛情、旱情；负责重要江河、水库等洪水调度和抗旱应急供水调度；贯彻执行上级防汛防台抗旱调度命令和批准的洪水调度方案、抗旱应急供水方案；组织指导监督防汛防台抗旱物资的储备、管理和调用；负责发布全省汛情、旱情通告，以及宣布全省进入和解除紧急防汛期、非常抗旱期；其同时具有法律、法规和规章规定的其他职责。

（三）省防指成员单位职责

省水利厅，其单位职责是承担省防指的日常工作，负责组织、协调、监督、指导全省防汛防台抗旱的日常工作；负责水工程安全的监督管理，重要江河和水工程的防洪调度，及时提供雨情、水情、旱情、灾情和水文预报；负责水资源的调配；组织指导抗洪抢险工作和水毁防洪工程的修复。其他成员单位的职责可参考《浙江省防汛防台抗旱应急预案》（修订稿）。

二、办事机构

省防指下设办公室（以下简称"省防指办"），负责防汛防台抗旱日常工作，省防指办设在省水利厅。

省防指办的主要职责是拟订防汛防台抗旱的有关法规、行政措施及管理制度、办法等；编制全省防汛防台抗旱预案和重要江河洪水调度方案、抗旱应急供水方案；掌握雨情、水情和水利工程安全运行情况，以及防汛防台抗旱的动态；编制和发布汛情、旱情通告；检查督促、联络协调有关部门、单位做好防汛防台抗旱工程设施和毁损工程的修复及有关防汛防台抗旱工作；负责编制本级防汛防台抗旱日常工作和应急处置经费预算；做好有关洪涝台旱灾情统计、核查、上报、总结评估；负责省防指的日常管理事务；负责做好省防指交办的其他工作；法律、法规和规章规定的其他职责。

三、专家咨询机构

省防指办建立水雨情预报、洪水调度、水利工程抢险、水资源应急配置等专家库，为防汛防台抗旱指挥提供专家咨询。

四、市、县（市、区）政府防汛抗旱指挥部

各市、县（市、区）政府设立防汛抗旱指挥部，在上级防汛抗旱指挥机构和本级政府的领导下，组织、指挥、协调本地区的防汛防台抗旱和抢险救灾工作。防汛抗旱指挥部由本级政府和具有防汛防台抗旱任务的部门、当地驻军、武装警察部队等有关部门和单位的负责人参加，具体办事机构设在同级水行政主管部门；受洪水、台风影响较大的城市，必要时，经城市人民政府批准，也可在建设行政主管部门设立城市市区防汛防台办事机构，在同级防汛抗旱指挥机构的统一领导下，负责本城市市区的防汛防台与抗洪的日常工作。

五、其他防汛抗旱指挥机构

有防汛防台抗旱任务的乡（镇）政府、街道办事处应当设立防汛抗旱指挥机构，建立与落实防汛防台抗旱责任制，明确人员和职责，按照县级政府防汛抗旱指挥机构指令和预案，做好防汛防台抗旱工作。

第二节　基层防汛防台体系建设

基层是防汛防台工作的第一现场，防汛防台工作的重点和难点在基层，薄弱环节也在基层。基层防汛防台体系是指在各县（市、区）辖区内，以乡（镇、街道）为单位，以行政村（社区）为单元，以自然村、居民区、企事业单位和水库山塘、堤防海塘、山洪与地质灾害易发区、危房、公路危险区、船只、避灾安置场所等责任区为网格，建立起来的防汛防台组织责任体系、应急预案体系、监测预警体系、安全避险体系、应急救援体系、宣传培训体系、运行保障体系等非工程措施的总称。

基层防汛防台体系建设的总体要求是组织健全，责任落实，预案实用，预警及时，响应迅速，全民参与，救援有效，保障有力。

一、组织责任体系

（一）组织机构

按照县（市、区）人民政府、乡（镇）人民政府、街道办事处设立防汛防台指挥机构，村设立工作组。

1. 县级

县级防指由政府主要负责人或其授权的分管负责人统一指挥，具有防汛防台任务的部门和当地驻军、武装警察部队等部门、单位负责人参加，具体办事机构（以下简称"防指办"）设在水行政主管部门。

2. 乡级

乡级防指由政府主要负责人统一指挥，有防汛防台任务的部门、单位主要负责人参加，有防汛防台任务的应设立防指办。

3. 行政村（社区）

应设立防汛防台工作组，由行政村（社区）主要负责人任组长，村级干部为成员，分别负责防汛防台预案管理、监测预警、人员转移、抢险救灾、信息收集与报送等防汛防台工作。

4. 网格

以自然村、居民区、企事业单位、水库山塘、堤防海塘、水闸泵站、山洪与地质灾害易发区、船只、危房、公路危险区、地下空间、下沉式立交桥、农家乐和避灾场所等责任区为网格，并明确若干名防汛防台工作责任人，负责相应责任区网格防汛防台工作。

（二）基层防汛指挥体系的主要责任

1. 乡级防指主要职责

（1）在上级防指统一组织指挥下，负责本地区防汛防台与抢险救灾避险的具体工作。

（2）负责制定本级防汛防台中长期规划和年度工作计划、总结；修编本级防汛防台预案，监督指导村级防汛防台预案编制。

（3）负责组织落实各村级防汛防台负责人和各网格责任人，明确职责，签订责任书，组织培训和演练，并落实有关报酬。

（4）按照管理权限，负责组织开展本地区小型水库、山塘、堤防、水闸、堰坝、渔港等设施的安全检查，发现安全隐患，及时处置。

（5）按照上级要求，配合民政、建设等部门开展农村住房防灾能力调查和避灾场所建设及认定，督促指导农户对存在安全隐患、防灾能力偏低的住房进行加固维修、重建或搬迁，并加强避灾场所维护管理。

（6）负责做好监测预警工作，补充加密监测预警网络，做到监测预警全覆盖，及时将灾害性天气预报和水雨情预警信息传递到村级防汛防台负责人和各网格责任人。

（7）负责组织落实群众转移和安置工作，按照预案和"不漏一处、不存死角"的要求，做好人员避险转移和安置工作。

（8）负责辖区内山洪与地质灾害易发区特别是在山区和沿河岸修路、建房等在建工程和洪涝台影响期间乡村公路的安全监管工作，负责已发生山洪与地质灾害或乡村公路因灾中断等危险区域警示牌设置，并组织人员监管。

（9）负责组建防汛防台抢险救灾队伍，按规定储备防汛防台物资，并开展抢险救援和自我防范知识培训。

（10）负责洪涝台灾情及有关信息的统计、核实和上报。

（11）负责防灾减灾知识宣传教育，向易受洪涝台和地质灾害影响的群众发放明白卡，组织开展防灾救灾演练，提高群众的防灾减灾意识和自救互救能力。

（12）法律、法规和规章规定的其他职责。

2. 乡级防指办职责

（1）负责本级防指日常工作，贯彻执行上级有关防汛防台政策法规和指令。

（2）负责组织起草本级防汛防台中长期规划、年度工作计划总结。

（3）负责组织起草本级防汛防台预案。

（4）协调联络有关成员单位做好防汛防台工作，具体组织防汛防台检查，督促各行政村、社区及有关网格落实防汛防台安全措施，会同有关单位查处督办各类威胁防汛防台安全事件。

（5）负责汛期防汛防台值班工作，掌握雨情、水情、工情、灾情和防汛防台工作动态，当好本级防指领导参谋。

（6）负责本级防汛防台物资储备、管理和调度。

（7）负责本级洪涝台灾害统计、核查、上报和总结评估。

（8）做好本级防指及上级交办的其他工作。

3. 乡级防指应急工作组主要职责

（1）综合组：负责防汛防台工作沟通联系和综合协调。

（2）监测预警组：负责建立本辖区监测预警网络，负责接收上级防指及水利、气象、海洋、国土资源等部门发送的有关防汛防台预警信息，掌握辖区内有关防汛防台信息，及时发布预警信息，并为本级防指领导决策提供依据。

（3）人员转移组：按照本级防指和上级指令，按预案负责组织危险区域群众转移和船只避风保安，并做好人员安置工作。

（4）抢险救援组：负责水利工程安全管理和抢险队伍、物资的调配，根据险情、灾情，组织抢险救援。

（5）宣传报道组：负责汇总防汛防台动态，发布汛情、灾情及有关信息，组织宣传报道防汛防台工作动态、先进事迹等，编发简报，接待新闻记者。

（6）后勤服务组：负责本级防指及各工作组的后勤生活保障，接待上级防汛防台工作组、慰问团等。

4. 乡级防汛防台责任人主要职责

（1）乡级防指指挥：全面负责本级防汛防台工作，主持本级防指工作，研究落实防汛防台措施，负责召集成员会议、会商会议，签发防汛防台指令。

（2）乡级防指副指挥：协助指挥工作，负责分管工作。

（3）乡级领导：按照乡级防指职责分工，负责分管工作，协助所分包区域内的村（居委会）主要负责人开展防汛防台工作。

（4）乡级防指应急工作组组长：负责应急工作组工作。

（5）乡级防指办主任：负责乡级防指日常工作，当好乡级防指参谋，并贯彻落实上级和本级防指指令。

（6）乡级防指办副主任：协助主任工作，负责分管工作。

（7）乡级水利员（包括流域水利站水利员）：负责乡级水库、堤防海塘、水闸、泵站等水利工程的安全运行监管，管理联系水利工程巡查员、山洪灾害预警员；掌握雨情、水情、工情，当出现异常情况时，按预案发布预警信息，及时处置，并报告乡级防指和上级水行政主管部门。

（8）乡级地质灾害防范责任人：组织本辖区内地质灾害隐患点巡查，督促村级地质灾害监测责任人开展隐患点日常监测，协助上级主管部门开展地质灾害汛前排查、汛中检查、汛后核查；在出现地质灾害前兆时，开展临灾预报和预警；发现地质灾害险情或接到报告时，按预案组织做好危险区域群众避险转移、应急救援等工作。

（9）乡级气象协理员：负责接收气象部门发布的灾害性天气预报预警信息，传递至乡级及以下防汛防台责任人，并在辖区内向公众发布；负责气象预警接收、发布设施的维护管理；负责辖区内灾害性天气、特殊气象现象的观测、记录和报告。

（10）乡级船只保安联络员：负责防台风预警信息传递至村级船只保安联络员，直至每艘船，督导船只做好防台避风工作；负责了解、统计船只及船上人员动态，并及时报告乡级防指和上级主管部门；配合协助当地政府开展遇险船只救援工作。

（11）乡级灾情统计员：负责灾情信息收集和统计报送工作。

5. 村级防汛防台工作组主要职责

（1）协助当地政府开展防汛防台与抢险救灾避险的具体工作。

（2）编制村级防汛防台预案。

（3）当接到灾害性天气预报、水雨情预警信息时，负责通知村级防汛防台负责人和各网格的联络员、监测员、巡查员、预警员等责任人进岗到位，做好人员转移等防御准备，将预警信息传递到户到人。

（4）当接到上级人员转移命令和地质灾害险情报告时，协助做好人员转移的具体工作；当出现交通、信息中断或突发险情时，按村级预案实施自主转移。实施转移前，及时发出转移信号，明确人员转移时间、地点、路线、召集人和注意事项，迅速将危险区域群众转移至安全的避灾场所。

（5）当洪涝台和地质灾害发生时，发动群众及时开展抢险救灾和自救互救，并及时将灾情报告乡级防指。

（6）开展防汛防台知识宣传，重点做好人员避险转移方案和群众自防自救知识宣传，开展人员转移演练。

（7）协助做好灾情统计和救济救助工作。

（8）法律、法规和规章规定的其他职责。

6. 村级防汛防台责任人主要职责

（1）村级主要负责人：全面负责本级防汛防台工作，主持本级防汛防台工作组工作；具体负责责任区网格划定和管理；协助当地政府开展防汛防台与抢险救灾避险的具体工作。

（2）驻村干部：协助乡级包片领导及村级防汛防台工作组做好本村级防汛防台工作；参与村级汛期检查，了解掌握本辖区防汛防台重点工程、重点部位、危房户和船只等情况，对存在问题的，督促检查整改到位。

（3）村（居）干部：按照村级防汛防台工作组职责分工，负责分管工作。

（4）村级防汛（水利、水务）员：负责村级防汛防台日常事务和灾情信息收集统计报送工作。

7. 责任区网格相应责任人主要职责

（1）自然村、城镇居民区、企事业单位、农家乐等防汛防台联络员：负责接收上级有关防汛防台信息，并将预警信息及时传达到户到人；当发现本区域或本单位出现洪涝台灾害前兆时，及时发出预警信息，组织动员危险区域内群众转移到安全场所，并及时报告村级防汛防台工作组或负责人或乡级防指；当本区域或本单位遭受洪涝台灾害时，应立即组织抢险救援，并及时报告村级防汛防台工作组或负责人或乡级防指，必要时可请求上级支援；协助当地政府做好人员转移工作。

（2）水库山塘、堤防海塘巡查员和水闸泵站管理员：按规定开展日常巡查监测，汛期每天至少巡查一次，强降雨或高水位时，须每天 24 小时驻库巡查或实施拉网式巡查或启闭水闸泵站，并做好记录；一旦发现异常情况，分析原因，并及时报告，必要时请求上级派水利技术人员诊断；具体落实工程保安措施，配合当地政府及有关部门开展抢险工作；及时制止危害水库安全的行为，难以制止的要及时向行政责任人和主管部门报告；参加上级政府及有关部门举办的水利工程安全管理知识培训等。

（3）山洪灾害预警员：负责当地雨情观测及相关设施的维护管理；接收上级雨水情信息；当观测到或接到可能出现致灾雨水情信息时，按预案向危险区域群众发出预警，并报告村级防汛防台负责人和乡级防指；协助当地政府做好人员转移工作，或按预案协助村级防汛防台工作组做好人员转移工作；参加上级政府及有关部门举办的山洪灾害防御知识培训等。

（4）地质灾害监测员：按规定开展地质灾害隐患点的日常监测巡查，及时发现变形情况，做好监测巡查记录，按时上报，并保管好监测巡查资料；一旦发现危险情况，及时报告，并配合当地政府及有关部门做好危险区域群众避险转移和自救互救工作；参加上级政府及有关部门举办的地质灾害防治知识培训等。

（5）船只保安联络员：负责防台风预警信息传递至船主、船长及联络员，指导船只做好防台避风工作；了解、统计船只及船上人员动态，并及时上报；配合协助当地政府开展遇险船只救援工作；参加上级政府及有关部门举办的船只防台风知识培训等。

（6）房屋保安联络员：配合上级开展住房防灾能力鉴定和危房排查，掌握危房的基本情况；接收洪涝台灾害预警信息，当接到可能出现导致房屋倒塌的灾害预警时，根据预案通知居住在危房内群众安全转移；参加上级政府及有关部门举办的房屋保安知识培训等。

（7）公路危险区、下沉式立交桥、地下空间等巡查员：负责强降雨期间和之后一段时间辖区内公路、下沉式立交桥、地下空间等安全巡查，及时组织做好排水排涝；一旦发现危险情况，及时设置警示标志，必要时在临近危险区域处，实施交通管制或疏导；参加上级政府及有关部门举办的道路交通安全知识培训等。

（8）农家乐等保安联络员：负责防汛防台预警信息传递至本区域各农家乐业主、旅客或游客，指导农家乐开展防汛防台工作；了解、统计农家乐受灾情况及旅客、游客动态，并及时上报；参加上级政府及有关部门举办的农家乐防汛防台知识培训等。

（9）避灾安置场所管理员：负责避灾场所日常管理和避灾人员基本生活必需品的储备；接到洪涝台灾害预警，及时做好接纳避灾人员准备；做好避灾人员登记和物品发放工作，确保避灾人员有食物供应、有休息地方、伤病能及时治疗；开展防灾知识宣传，掌握避灾人员动态，做好思想工作，确保稳定；参加上级政府及有关部门举办的避灾场所安全管理知识培训等。

二、应急预案体系

（一）应急预案的种类

1. 乡（镇、街道）应制定防汛防台应急预案

预案应针对洪涝、台风、山洪与地质灾害的特点，明确指示组织指挥、人员转移避险、船只避风保安、水利工程抢险与应急救援等方面所应采取的具体方案及措施。

2. 社区应制定防汛防台应急预案

村级预案重心为人员转移避险方案和自防自救措施，尽量采用图表化，制作区域风险图和转移避险线路及安置场所图，对应急响应条件、责任人职责及进岗到位条件、危险区域人员及转移避险责任人等信息实行表格化。

（二）应急预案管理

应急预案管理措施如下：

（1）编制预案应因地制宜、科学实用、简明扼要，具有可操作性，并符合国家和省有关规定要求。

（2）乡级防指每2年至少组织开展1次预案演练，村级防汛防台组织每3年至少组织开展1次预案演练。

（3）及时组织修订完善预案，并建立预案数据库。经修编批准的预案应报上一级防指备案。

（4）一旦发生洪涝、台风、水利工程出险等应急事件，当地防指及村级防汛防台工作组要按预案及时启动应急响应。

三、监测预警体系

（一）监测预警设施

监测预警设施如下：

（1）县级防指办或成员单位应有雨情、水（潮）情、风情、工情、山洪与地质灾害、海上船只等监测设施和实时信息系统，所有防汛防台信息可汇集到县级防指指挥中心。监测预警设施应按行业统一标准建设，保障系统稳定正常运行。

（2）乡级根据需要补充完善相应的监测设施，配备雨情、水情、风情和地质灾害信息接收设备，并具有预警信息接收和发送功能。

（3）村级根据需要补充设置人工雨量观测筒、水位尺（图2-2）等简易监测设施，配备无线广播、警报器、铜锣（图2-3）、喇叭等预警设备设施。

图2-2　水位尺

图2-3　铜锣

（4）山洪灾害易发区、地质灾害隐患点、危房、病险水库、山塘下游、洪泛区、低洼易涝区、非标准海塘外等危险区域均应设置警示标志标牌。警示标志标牌由市级防指或其成员单位提供参考样式，县级防指或其成员单位统一制作，如图2-4所示。

图2-4　山洪灾害影响区警示牌

（二）监测预警及应急机制

监测预警及应急机制措施如下：

（1）县级防指及水利、气象、海洋、国土资源等部门在向本部门、本系统和公众发布预警信息的同时，迅速将雨情、水情、风情及山洪与地质灾害预警信息发送到乡级防指，必要时通过短信等系统发至村级防汛防台工作组及各网格责任人。乡级防指要将预警信息传递到村级防汛防台工作组及各网格责任人；村级防汛防台工作组及各网格责任人要将预警信息传递到户到人，不留死角。

（2）当预报可能出现灾害性天气时或上级防指及有关部门发出洪涝、台风预警时，可能受影响地区的县级防指按预案及时作出部署，并向可能受影响地区的乡级防指及有关责任人发出预警；乡级防指按预案及时作出部署，并向可能受影响地区的村级防汛防台工作组及有关责任人发出预警；村级防汛防台工作组按预案组织开展防汛防台应急工作，并通知有关负责人及各网格责任人上岗履行职责。

（3）当巡查员、监测员、预警员等网格责任人接到或发现可能出现灾害性天气、致灾洪涝、险情等时，应立即向村级防汛防台工作组负责人和乡级防指报告；乡级防指和村级防汛防台工作组应及时处置，并视情况决定是否启动预案，并向上级防指报告。

（4）当出现洪涝台灾害征兆或出现险情、灾情时，乡级防指和村级防汛防台工作组应按照预案和"乡自为战、村自为战"的要求，及时处置，并及时向上级防指报告。

（5）当山塘、水库、堤防出现险情时，应立即组织当地及临近抢险力量投入抢险，并向县级防指及水行政主管部门报告，请求派出水利技术人员赴现场指导抢险，并按预案做好人员转移工作。当出现有人员被洪水围困以及被山体滑坡、泥石流、倒塌房屋掩埋等情况时，应及时组织解救。必要时请求上级防指支援。

四、安全避险体系

（一）安全避险设施

安全避险设施如下：

（1）县级、乡级避灾安置场所名称统一为"××县（市、区）避灾中心""××乡（镇、街道）避灾中心"，村级避灾安置场所名称统一为"××村（社区）避灾点"。

（2）形成避灾安置网络，每个县（市、区）一般有1～3个容量不小于200人的县级避灾中心；每个乡（镇、街道）一般有1～2个容量不小于100人的乡级避灾中心；每个村（社区）一般有1个容量不小于50人的村级避灾点。

（3）沿海地区船只避风港及相关避风设施应满足避风需要，并建有船只海上安全管理系统，出海渔船、客运船、商船等配备GPS终端。

（4）避灾安置场所具备基本生活设施、消防安全设施、照明温控设施和物资储备设施，配备必要的广播、通信、电源、医疗急救等设施，并张贴悬挂防灾减灾科普宣传图片。

（二）安全避险管理

安全避险管理措施如下：

（1）避灾安置场所由当地民政部门登记，实施统一管理，并向社会公告。避灾安置场所及其设施不得擅自侵占、随意处置或挪作他用。

（2）每年汛前，由县级政府组织对避灾场所进行安全检查，每隔2～3年委托有资质的专业机构进行安全性评估鉴定，不符合要求的不得作为避灾安置场所继续使用。

（3）避灾安置场所准入登记、日常安全管理、预案管理、责任追究等各项管理制度健全，启用、入住登记、生活救助、人员回迁等各项工作流程清晰。发布灾害预警后，及时启用避灾安置场所，责任人及管理人员24小时值班，做好转移安置群众接收准备工作；转移安置人员到达避灾场所后，及时进行登记，并妥善安排好基本生活。安置人数与安置接纳能力相适应。

（4）台风影响或降雨结束后，基层组织应结合当地实际，组织对地质灾害隐患、病险水利工程、危房等隐患、险情进行复核。灾害险情解除，确认没有危险后，及时组织被转移安置人员回迁。如仍有危险，应当组织专业人员调查，提出应急处置意见，落实应急措施后，有序组织被转移安置人员回迁或另行安置。

五、应急救援体系

（一）抢险队伍建设

（1）县级防指至少有1支防汛防台抢险专业队。乡级应整合基层派出所、民兵预备役、专职消防队、森林消防队、治安巡逻队、企业应急小分队等人员，赋予防汛防台抢险任务，配备必要的装备设施，形成基层防汛防台抢险救灾的骨干力量。各行政村（社区）应选择青壮年组建防汛防台抢险小分队。

（2）县级防指和乡级防指应对辖区内工程抢险、救生、医疗救助、恢复重建、灾后心理干预等方面的抢险救援力量进行调查，登记造册，并建立沟通协调机制。

（3）县级抢险队伍每年至少开展一次培训训练，乡级抢险队伍每两年至少开展一次培训训练。

（二）抢险物资储备

（1）县级物资仓库总面积一般不少于500m²，乡级物资仓库总面积一般不少于50m²，村级物资仓库总面积一般不少于 $15m^2$。物资仓库名称统一为"××县（市、区）防汛物资仓库""××乡（镇、街道）防汛物资仓库""××村（社区）防汛物资仓库"。

（2）防汛防台抢险物资储备的品种、数量参照《浙江省防汛物资储备定额》和《浙江省乡（镇、街道）、村（社区）防汛物资储备定额》测算，并由县级防指统筹。

（3）防汛防台抢险物资储备可采取直接储备和委托储备等方式，并实行即用即补制度。同时，应对辖区内可调用的抢险救灾设备和物资登记造册，并可随时调用。

（4）物资仓库应位于地势较高、周边交通方便，能辐射可能会出险区域，并配备消防安全设施，通风干燥，车辆进出及物资装卸方便。

六、宣传培训体系

（一）宣传体系

（1）县、乡级政府应将防汛防台知识普及纳入全民科学素质行动计划，进学校、进社区、进农村、进企业。

（2）县、乡级防指和村级防汛防台工作组应通过发放宣传册、明白卡，张贴宣传图、宣传标语，播放宣传片，举办专题讲座等多种方式，普及防汛防台知识。

（3）各类广播电视、媒体、网络等应把防汛防台知识普及作为公益宣传，中小学校应把防汛防台知识普及作为教学内容。

（二）培训体系

（1）县、乡级政府应将防汛防台知识培训纳入干部教育培训计划。

（2）县、乡级防指每年至少举办 1 次针对基层防汛防台责任人专题培训班，并应积极组织人员参加上级举办的防汛防台业务培训班。

（3）水利、国土资源、住房和城乡建设、交通运输、民政、气象等县级防指成员单位应定期或不定期地组织巡查员、监测预警员、信息统计员等岗位人员进行业务培训。

七、运行保障体系

（一）设施设备保障

（1）县、乡级防指及防指办和村级防汛防台工作组应有固定场所，并在醒目位置悬挂单位铭牌，张贴或电子显示防汛防台组织结构图、防汛防台重点设施分布图及风险图等图表；在责任区网格现场醒目位置设立标有责任区网格名称、防御重点、责任人、联络电话等标牌。

（2）县级防指办应配备传真机、电话机、计算机、打印机、复印机、防汛抢险车等设施设备和防汛防台信息管理系统，偏远山区、海岛地区应配备卫星电话、发电机等应急设备。防汛防台任务特别重的县（市、区）防指应配备应急通信指挥车，并由电信运营商负责日常维护管理。

（3）乡级防指办应配备传真机、电话机、计算机、打印机等设施设备和防汛防台信息查询系统。偏远山区、海岛地区乡（镇）应配备卫星电话、发电机等应急设备。

（4）村级防汛防台工作组应配备传真机、电话机、计算机、打印机等设备，计算机可上互联网查询防汛防台信息。

（二）资金保障

（1）县、乡级防汛防台工作经费纳入当地财政年度部门预算，县、乡级防指办工作经费有保障。

（2）县、乡级防指为参加抢险救灾人员和从事危险性的监测预警、巡查等人员购买人身意外保险，责任人误工和因监测预警、报汛、报灾等发生的通讯费用应得到补偿。

（三）制度保障

（1）县、乡级防指及防指办和村级防汛防台工作组应结合实际，制定防汛防台相关管理制度。

（2）县级防指应制定汛期值班制度、会商制度、预案管理制度、监测预警制度、调度管理制度、指挥系统管理制度、抢险队伍管理制度、物资储备与调配制度、避灾场所管理制度、船只及避风港管理制度、检查制度、灾情统计与信息报告制度、总结评估制度和奖罚制度。

（3）乡级防指应制定防汛防台工作制度，主要内容应包括汛期值班、预案管理、检查监测预警、抢险队伍与物资管理、避灾安置场所管理、船只及避风港管理、灾害统计与信息报告等内容。

（4）村级防汛防台工作组应制定防汛防台工作制度，主要内容应包括汛期值班、巡查监测预警、避灾安置场所管理、信息报告等内容。

八、动态管理

动态管理是指组织责任体系动态管理、应急预案体系动态管理、监测预警体系动态管理、安全避险体系动态管理、应急救援体系动态管理五方面。

加强基层防汛防台体系管理的总体要求是：以五大发展理念为统领，坚持以人为本、以防为主、以避为先的方针，注重基层、注重实效、注重责任落实、注重能力提升，确保基层防汛防台体系长效运行、高效运行。

加强基层防汛防台体系管理的总体目标是：通过建立"动态管理""运行保障""宣传培训""督查考核"等机制，努力实现"组织健全、责任落实、预案实用、预警及时、响应迅速、全民参与、救援有效、保障有力"的基层防汛防台体系运行目标，不断提升基层防汛组织开展"乡自为战""村自为战"的实战能力，保障人民群众生命财产安全，最大限度地减少因洪涝台灾害损失。

复 习 思 考 题

1. 省政府设立的防汛抗旱指挥部的主要职责是什么？

2. 基层防汛防台建设体系是指什么？

3. 乡级防指办的主要职责有哪些？

4. 应急预案的种类有哪些？

5. 加强基层防汛防台体系管理的总体要求和总体目标分别是什么？

第三章 台风的防御措施

学习任务：

（1）了解防御台风的工作原则；各类群体在台风来临前、影响时、影响后该怎么办。

（2）理解台风不同发展阶段当地政府防汛抗旱指挥部和成员单位的不同应急响应行动及基层水利员的工作任务。

（3）掌握防御台风需要进一步加强的工程与非工程措施。

台风直接影响到每个人的生活，关系到每个人的生命财产安全。《浙江省防汛防台抗旱条例》第六条规定：公民、法人和其他组织都有保护防汛防台抗旱设施和依法参与防汛防台抗旱与抢险救灾工作的义务。因此，防御台风，人人有责，每个人都要学习防台风知识，提高防台风意识，懂得自我保护，并积极参与防台风工作。作为一名基层水利员，要重点掌握防御台风的应急措施，各类人群在台风前、中、后各个不同阶段应该做的各项防御工作，为可能发生的台风灾害做好充分的准备，树立"以人为本、安全第一，预防为主、防抗结合，确保重点、统筹兼顾"的安全意识，提高防御台风的能力，减少灾害损失。

第一节 台风的预警等级

一、预警信号

台风预警信号由名称、图标、标准和防御指南组成，预警级别依据气象灾害可能造成的危害程度、紧急程度和发展态势一般划分为四级：Ⅳ级（一般）、Ⅲ级（较重）、Ⅱ级（严重）、Ⅰ级（特别严重），依次用蓝色、黄色、橙色和红色表示，同时以中英文标识，见表3-1。

表3-1　　　　　　　　　　　　台风灾害预警等级表

预警级别	预警信号含义
	蓝色预警信号：24小时内可能或者已经受热带气旋影响，沿海或者陆地平均风力达6级以上，或者阵风8级以上并可能持续
	黄色预警信号：24小时内可能或者已经受热带气旋影响，沿海或者陆地平均风力达8级以上，或者阵风10级以上并可能持续

续表

预警级别	预警信号含义
橙色 ORANGE	橙色预警信号：12小时内可能或者已经受热带气旋影响，沿海或者陆地平均风力达10级以上，或者阵风12级以上并可能持续
红色 RED	红色预警信号：6小时内可能或者已经受热带气旋影响，沿海或者陆地平均风力达12级以上，或者阵风14级以上并可能持续

二、应急响应等级与启动

根据气象报告和水文测报等信息，当洪涝台灾害分别出现特别重大（Ⅰ级）事件、重大（Ⅱ级）事件、较大（Ⅲ级）事件和一般（Ⅳ级）事件时，分别启动相应级别的应急响应措施。各省的《防汛防台抗旱应急预案》规定了应急响应启动的程序和行动内容。

当洪涝台灾害出现特别重大（Ⅰ级）事件时，由防指指挥决定启动Ⅰ级应急响应，实施Ⅰ级应急响应行动，必要时报请省委、省政府部署防汛防台和救灾工作；当洪涝台灾害出现重大（Ⅱ级）事件，由防指指挥或其授权的副指挥决定启动重大（Ⅱ级）应急响应；当洪涝台灾害出现较大（Ⅲ级）事件和一般（Ⅳ级）事件时，由防指副指挥或其授权的防指办负责人决定启动相应的应急响应。

三、各级别的防御指南

（一）蓝色预警

蓝色预警应采取以下防御措施：

（1）政府及相关部门按照职责做好防台风准备工作。

（2）停止露天集体活动和高空作业等户外危险行动。

（3）相关水域水上作业和过往船舶采取积极的应对措施，如回港避风或者绕道航行等。

（4）加固门窗、围板、棚架、广告牌等易被风吹动的搭建物，切断危险的室外电源。

（二）黄色预警

（1）政府及相关部门按照职责做好防台风应急准备工作。

（2）停止室内外大型集会和高空作业等户外危险活动。

（3）加固港口设施，防止船舶走锚、搁浅和碰撞是相关水域水上作业和过往船舶应积极采取的应对措施。

（4）加固或者拆除易被风吹动的搭建物，人员切勿随意外出，确保老人小孩留在家中最安全的地方，危房人员及时转移。

（三）橙色预警

（1）政府及相关部门按照职责做好防台风抢险应急工作。

（2）停止室内外大型集会、停课、停业（除特殊行业外）。

（3）水上作业和过往船舶应当回港避风，离开相关水域，加固港口设施，防止船舶走锚、搁浅和碰撞。

（4）加固或者拆除易被风吹动的搭建物，人员应当尽可能待在防风安全的地方，风力会减小或者静止一段时间，这是台风中心经过，切记强风将会突然吹袭，应当继续留在安全处避风，危房人员及时转移。

（5）相关地区应当注意防范强降水可能引发的山洪等地质灾害。

（四）红色预警

（1）政府及相关部门按照职责做好防台风应急和抢险工作。

（2）停止集会、停课、停业（除特殊行业外）。

（3）回港避风的船舶要看情况采取积极措施，妥善安排人员留守或者转移到安全地带。

（4）加固或者拆除易被风吹动的搭建物，人员应当待在防台风安全的地方，当台风中心经过时风力会减小或者静止一段时间，切记强风将会再次突然来袭，应当留在安全处继续避风，危房人员及时转移。

（5）相关地区应当注意防范强降水可能引发的山洪等地质灾害。

第二节　防台的日常准备

一、获取台风知识

各类人群可通过以下几种方式获取台风知识。

（一）通过宣传活动学习

政府及有关部门会定期或不定期地组织基层发放公众防台风知识读本、宣传册、宣传单、明白卡，张贴防台风宣传图片，举办防灾减灾知识讲座，应留意这方面的活动，积极主动参与。

（二）通过课堂学习

中小学课本上一般有防台风相关的防灾减灾知识，作为在校中小学生要认真学习，丰富自己的防台风知识。此外，还有不少有关防台风方面的课外读物，鼓励学校将这些课外读物纳入中小学生阅读清单。

（三）通过网络学习

政府部门的防汛水利、水文、气象、海洋等门户网站上一般都有防台风方面的知识和信息，民众可上网浏览这些网站，学习防台风知识。此外，随着智能手机的普及，许多省份研发了台风实时路径查询系统，可下载相应手机 APP 或关注公众号，查询台风实时路径。

（四）通过媒体学习

广播、电视、报刊等媒体有时会播出或刊登防台风方面的宣传内容，大家可及时收听收看。

在台风来临前、中、后，政府及有关部门均会及时通过门户网站、广播、电视、报刊和手机短信等方式发布防台风信息，基层水利员应提醒群众注意收听收看，村（社区）等基层组织更应挨家挨户直接向当地群众传递防台风信息。一般来说，气象台会在台风来临前72小时发布台风消息，48小时发布台风警报，24小时发布台风紧急警报，应密切关注媒体有关台风的报道，及时采取预防措施。

二、群众防台风准备

（一）物资储备

家里平时要准备蜡烛、手电筒、收音机、应急灯、雨具、木板、盛水舀水器具等应急物品，有条件的家庭最好准备一个应急救援包，内备有绳索、锤子、剪刀、哨子等应急工具以及碘酒、胶布、止血带等应急医药用品。

（二）群众转移

强风有可能吹倒建筑物、高空设施，造成人员伤亡。居住在各类危旧住房、厂房、工棚的群众，在台风来临前，要及时转移到安全地带，不要在临时建筑（如围墙等）、广告牌、铁塔等附近避风避雨。住在低洼地区和危房中的人员要及时转移到安全住所。车辆尽量避免在强风影响区域行驶。

（三）高空物品转移

强风会吹落高空物品，要及时搬移屋顶、窗口、阳台处的花盆、悬吊物等，如图3－1所示；在台风来临前，最好不要出门，以防被砸、被压、触电等危险；检查门窗、室外空调、保笼、太阳能热水器的安全，并及时进行加固。

（四）其他准备

居家群众要检查电路，注意炉火、煤气，防范火灾；在做好防风工作的同时，还要做好防暴雨工作；不要去台风经过的地区旅游，更不要在台风影响期间到山区旅游、海滩游泳或驾船出海；及时清理排水管道，保持排水畅通；有关部门要做好户外广告牌、天线等的加固（图3－2），建筑工地要做好临时用房的加固，并整理、堆放好建筑器材和工具，园林部

图3－1 高空物品转移

门要加固城区的行道树，遇到危险时，请拨打当地政府的防灾电话求救。

三、防台风演练

为保证防台风应急工作依法、科学、有序、高效进行，各级政府及基层组织应制定防

图 3-2　天线加固

台风应急预案，并定期或不定期地开展演练，以提高实战能力。防台风演练需要群众参与，才能取得实效。所以，要积极参加当地政府及防汛指挥机构组织开展的防汛防台演练，特别要熟悉避灾转移预警信号、转移路线和避灾场所。

四、台风灾害保险

台风灾害危害大，可能会造成严重损失。通过保险机制，可以提高受灾群众灾后恢复能力。比如，浙江省已出台政策性农房保险、农业保险和渔业互保政策，政策性保险政府扶持，保费由政府财政给予补助，这对大家参保都是非常有力的支持，所以大家要积极参与投保。如果家里比较富裕，财产比较多，还应考虑参加人身意外和车辆等财产商业保险，这样可以大大提高遭受台风灾害后的恢复能力。

综前所述，防御台风灾害的要领如下：

（1）学，学习有关防台风知识。

（2）听，经常收听、收看台风信息，不要听信谣言。

（3）备，根据历史台风对当地的影响情况，做好家庭及个人防台风思想、物资等准备。

（4）察，注意观察周围环境，一旦发现危及安全的异常现象，应及时躲避并立即向有关部门报告，切不可随意蛮动。

（5）防，一旦有台风影响，要听从当地防台风组织的安排，主动配合做好相关防御工作，切不可孤军作战。台风影响前，要关闭门窗，把放置在阳台、屋顶上易被大风吹落的花盆和其他杂物移至室内或安全的地方，防止物品吹落造成危害。

（6）断，台风影响期间，要切断电、火、煤气等灾源，避免因此发生次生灾害。

（7）救，准备一些必备药品，学会一些急救知识，以备在受灾期间可以自救或救助他人。

（8）保，为保证灾后家庭及个人得到经济损失补偿，有利于灾后恢复，要积极参保相关灾害保险。

第三节　各类群体的防台措施

一、台风来临前的防范措施

（一）海上作业人员

海上捕捞、航运、开采等人员得知有台风将可能影响所在区域时，不要轻易出海。已出海人员应关注台风动向，保持通信畅通，服从防汛防台抗旱指挥部和海洋与渔业、海事等部门的指令，在台风影响前及时进港避风或驶向安全区域；返航途中注意航行安全，进港后抓紧做好锚固和人员转移准备。沿海工程施工、码头作业人员应停止高空、低洼、临水、风口等危险区域作业；做好设施设备加固、转移和保护；检查驻地安全状况，做好防范和人员转移准备。

（二）海上作业和沿海滩涂养殖人员

海上作业及沿海滩涂养殖人员应密切关注台风动向，了解当地防汛防台指挥部发布的通知，听从安排。一旦得知台风将可能影响当地时，要抓紧捕捞成熟水产品，加固渔排，尽量减少损失，并要提前撤离上岸。

（三）农村务农人员

农村务农人员应注意收听收看台风消息，一旦得知台风将可能影响当地时，应结合实际，采取相应防灾措施：提前收获成熟的农产品；把稻株编结并压伏，稻田可灌水；树木可增加支柱、支架，修剪树枝；种植大棚收膜，暂勿播种或插秧；召回在室外的畜禽，加固栏舍；将生产资料和收获的农产品等转移到安全的地方；检查排水系统，清理沟渠等。

（四）外来务工人员

外来务工人员应向当地居民学习自我防范方法，服从当地防汛防台指挥部的安排，及时撤离到安全地方。如果居所不安全，应尽快到当地避灾中心或避灾点避险；如果受困，应立即报警，请求帮助。用工单位、租住房屋的房主及所在地防台风组织都有帮助、解救受困人员的责任和义务。

（五）企业主及管理者

企业主及管理者要组织编制本企业防台风预案，并将防台风责任落实到每个部门、每个人。企业的厂房设施和周围环境应达到防台风要求，严禁在危险区域生产。台风影响期间，企业防汛防台责任人必须到岗到位。台风严重影响期间企业应停止生产，全力保护自身安全，并注意做好与周边单位、附近群众的联防工作。

（六）居家人员

发布台风预警后，居家人员及时检查房前屋后排水情况，及时疏通被堵塞的排水沟、排水管；收起阳台、露台、屋顶上的花盆、杂物等搁置物、悬挂物；关好门窗，检查门窗是否坚固，必要时钉上木板；准备电筒、灯烛，储存饮水，以防断电停水；检查电路，尽量减少电器使用；非必要时不要外出，不要将小孩独自留在家里；电话或手机尽量保持开机状态。若房屋存在安全隐患的，要抓紧转移人员和财物。

（七）在校师生

学校要密切关注台风预警和有关部门的通知，一旦有台风影响，要按预案停止户外活动，必要时停课，如需遣散学生，应及时联系家长。学生应听从学校安排，上学、放学途中应避开危险区域，尽快到校或回家。住校师生应自觉服从校方管理，在警报未解除前留守在学校。

（八）户外休闲旅游人员

户外休闲旅游人员应关注天气和路况，若不适宜外出旅行时，应取消或调整旅行计划，尽量避开台风影响区域。已经在台风影响区域的游客、"驴友"要尽快返回或到附近避灾场所避险。台风来临时，正在旅游景区的游客，要听从景区管理人员的安排，停止一切户外活动，留在室内休息；遇到危险，及时与有关部门联系，请求救援。

（九）处于危险区域人员

处于危险区域人员应主动了解转移的时间、地点、目的地、路线、交通和负责转移的人员及其联系电话；接到转移通知时，应服从当地防台风组织转移指令，并带上 3～7 天的干粮、饮用水、药品和衣服等生活必需品进行避险转移。在避灾场所应服从安排，不要大声喧嚷，保持环境卫生，注意安全。

（十）其他外出人员

接到台风预警时，除防台抢险人员外，所有人员尽量不要外出，必须外出时要避开危险区域，减少户外逗留时间。台风影响期间，行人在较空旷的道路上应弯腰慢步，顺风时切记不能跑步行走，随时注意高处、拐弯处的坠落物、飞来物。驾车人员应注意收听交通路况信息，主动绕开低洼积水路段，穿越积水较深路面时减速慢行，保持车距；如遇强风侵袭，应根据风向停于路边，防止侧风刮翻车辆；将车辆停放在地势较高、空旷的地方，不要停放在广告牌、临时建筑和枯树下。

（十一）村（社区）干部

村（社区）干部负责本地防台风的现场组织工作，应及时掌握周边道路、山塘水库、电力设施、危房、地点灾害隐患点、溪流河塘等的动态，发现异常情况立即报告并采取紧急措施。启用广播室发布台风信息，台风到来前，通知大家减少外出，做好防台风工作；组织居住在危房、工棚等可能出险区域的人员转移到安全地带；组织由青壮年组成的突击队待命，随时应对各种紧急情况。

（十二）小区物业管理人员

台风预警发布后，小区物业管理人员应开展防台风安全检查，对小区内建筑物、公共设施、宣传牌、指示牌、易倒树木、照明线路等进行检查并采取必要的加固措施。对住户门窗、阳台物品、车辆停放等进行巡查，发现安全隐患及时联系住户，做好安全防范。

二、台风影响时的措施

（一）在港避风船只

在港避风船只要听从避风港管理人员的安排，加强船只锚固，除值班人员留守外，其余转移上岸；留守人员应关注台风动态和有关部门通知，做好转移上岸准备；当台风严重影响船只安全时，留守人员应迅速转移上岸。

60 马力（约 44kW）以下渔船：人员服从海洋与渔业部门和当地公务人员的安排，在 10 级风圈到来前，及时转移上岸。

60～150 马力（44～110kW）渔船：人员服从海洋与渔业部门和当地公务人员的安排，在 12 级风到来前，及时转移上岸。

150 马力（110kW）以上渔船：人员服从海洋与渔业部门和当地公务人员的安排，在 12 级风到来前，除值班人员留守外，其余转移上岸；留守人员关注台风动态和有关部门通知，做好人员转移准备。风力超过 12 级或留守船上可能危险时，迅速转移上岸。

（二）海上和沿海养殖人员

在台风影响海域内的"老弱妇幼"人员：服从海洋与渔业部门和当地公务人员的安排，在 7 级风圈到来前，及时转移上岸；已上岸的不得返回。

其他养殖作业人员：服从海洋与渔业部门和当地公务人员的安排，在10级风圈到来前，及时转移上岸。已上岸的不得返回。

（三）紧急情况的应急处理

1. 人员落入水里

万一人员掉进水里，要屏气并捏住鼻子，避免呛水，试试能否站起来。如水太深，站不起来，会游泳的就游向最近而且容易登陆的岸边；不会游泳的千万不要慌张，屏住呼吸，然后放松肢体，尽可能地保持仰位，使头部后仰、口向上方，使口鼻部露出水面，用嘴吸气、鼻子呼气，以防呛水，力争保持身体平衡。找机会尽可能抓住固定的或可漂浮的东西。

2. 人员被坍塌房屋压住

被埋压人员要消除恐惧，坚定求生意志，设法使自己离开险境。不能自行脱险时，不要大声疾呼，可用砖石敲击物体，或听到外面有人时再呼救，尽量减少体力消耗，等待救援。努力清除压在身体腹部以上的物体，设法用毛巾、衣服等捂住口、鼻，防止因吸入烟尘引起窒息。设法支撑可能坠落的重物，确保获取安全的生存空间；有条件的，争取向有光线和空气流通的方向移动，寻找食物和水，创造生存条件。

3. 人员被洪水围困

洪水上涨时，应尽快向楼顶、山坡、大树等高处转移，但不要爬电线杆、泥墙。当已被洪水包围，要设法尽快与当地政府及防汛防台部门取得联系，报告自己的方位和险情，积极寻求救援；无通信条件的，可制造烟火或来回挥动颜色鲜艳的衣物或集体同时呼救，不断向外界发出紧急求助信号，以求尽早得到救援。充分利用门板、木盆、木床、桌椅、大块的塑料泡沫等制成救生工具逃生，千万不要游泳逃生。山洪暴发时，快速向两侧高处躲避，不要沿着洪水行洪方向跑动，千万不要轻易涉水过河。发现高压线塔倾斜或者电线断头下垂时，一定要迅速远避，防止触电。

4. 遭遇泥石流

在山谷行走或作业时，一旦遭遇大雨，要迅速转移到安全的高地上，离山谷越远越好。注意观察周围环境，特别留意倾听远处山谷是否传来雷鸣般的声响，察看溪水是否变浑浊，如有以上情况，很可能是泥石流将至的征兆，就要高度警惕。要选择平整的高地作为营地，不可停留在有滚石或大量堆积物的山坡下面，不要在山谷或河沟底部扎营；发现泥石流时，要马上向两边（与泥石流成垂直方向）的山坡上爬，绝不能往泥石流的上、下游撤离。

5. 遭遇山体滑坡

当不幸遭遇山体滑坡时，要沉着冷静，不要慌乱，要迅速环顾四周，向较为安全的地段撤离。一般除高速滑坡外，只要行动迅速，都有可能逃离危险区域。跑离时，以向两侧跑为最佳方向。在向下滑动的山坡中，向下或向上跑均是很危险的。当遇到无法跑离的高速滑坡时，在一定条件下，如滑坡呈整体滑动时，可原地不动，或迅速抱住身边的树木等固定物体。对于尚未滑动的滑坡危险区，一旦发现可疑的滑坡活动时，应立即报告当地政府或有关部门。在滑坡体未稳定前，不要接近滑坡地区。

（四）现场施救的注意事项

现场施救的原则为先救多，后救少；先救近，后救远；先救易，后救难。先抢救困于建筑物边缘废墟、房屋底层或未完全遭到破坏的地下室中的人员。要耐心观察，特别要留心倒塌物堆成的"安全三角区"；仔细倾听各种呼救的声音，如敲打、呼救、呻吟等。发现遇难者，一定要注意：挖掘时要保持被埋者周围的支撑物，使用小型轻便的工具，接近时采用手工小心挖掘；如一时无法救出，可以先输送流质食物，并做好标记，等待下一步救援；发现被困者后，首先帮他露出头部，迅速清除口腔和鼻腔里的灰土，避免窒息，然后再挖掘暴露其胸腹部。如遇险者因伤不能自行出来，决不可强拉硬拖。

（五）灾情统计及救灾物资发放

村（社区）应协助乡（镇）政府、街道办事处做好灾情统计和救灾物资发放工作，所有公民、法人和其他组织应配合做好相关工作。受灾群众要服从管理，有序领取救灾物资。

三、台风影响过后的相关措施

（一）出行人员的安全事项

台风经过后，部分险情还未完全排除，出行千万要注意安全。遇到路障或者是被洪水淹没的道路，要切记绕道而行，不走不坚固的桥。遇到有垂下来的电线、电缆，要立即远离，以防触电。不在损毁的房屋、铁塔等建筑设施，以及折断的广告牌、线杆、树木等附近逗留或经过。不盲目开车进入山区，开车出行应降低车速，注意路况，发现公路塌方、塌陷、冲毁等险情，及时避让并报告。

（二）受灾地区的注意事项

1. 饮食卫生

不吃腐败变质食物，不吃苍蝇叮爬过的食物，不吃淹死的家禽、家畜，不吃未洗净的瓜果等；不贪嘴多吃生冷食品，生熟食物要分开，食品要煮熟、煮透。喝开水，不喝生水，更不能饮用灾后的井水；不使用未经消毒的污水漱口和洗瓜果、碗筷等；饮用水受污染时，要用明矾、漂白粉进行消毒处理。

2. 卫生防疫

台风过后，水淹地区必须进行彻底的室内外环境清理，及时清理淤泥、垃圾、人畜粪便，开展室内外环境消毒和卫生处理工作。要防止厕所粪便溢出，禽畜粪便也要及时集中清理，粪池、粪坑中加药杀蛆；生活污水要利用排水沟引至远离住地和饮用水源的地方；动物尸体尽可能焚烧或深埋；不要随地大小便，饭前便后要洗手，出现腹泻、发热等症状一定要及时就医；病人与带菌者隔离治疗，易感者预防性服药，对病人呕吐物、衣物等进行严格消毒；做好灭鼠、灭蚊、灭蝇工作。

3. 积极开展生产自救

及时排水排污，修复损毁的房屋、桥梁、供水、供电、交通、通信和水利等设施，迅速开展保险理赔，及时恢复医院、学校等正常秩序。农户应抓紧扶正树木，及时洗苗、补苗、复耕、培土、施肥、防治病害；养殖户应在潮水、洪水退后，确保安全的前提下，尽快修复养殖设施；企业应尽快恢复正常生产。

第四节　水利员防台各阶段的工作重点

台风防御可以分为台风消息阶段、台风警报阶段、台风紧急警报阶段、台风登陆阶段和台风解除阶段 5 个阶段，相关责任单位和工作人员按照"以人为本，科学防御"的工作理念，在台风登陆前后，分阶段做好"防、避、抢"等防御工作。

一、台风消息阶段

在台风消息阶段，主要做好"防"的工作。一般在台风未来 72 小时将登陆或严重影响负责的地区时，发布台风消息，这个阶段的工作重点是"监视和检查"。

对于防台各个部门：防指办和水利、气象、海洋和渔业等防指成员单位要坚持 24 小时值班，预报和监视台风动向；国土、交通、电力、住房和城乡建设、民政、海事、旅游、农业、粮食、教育等防指成员单位密切关注台风动向；在这个阶段，省防办发出通知，要求各地做好各项防御准备工作。

对于基层水利员，在台风消息阶段，要密切关注台风动向，认真践行省防办的通知，全面检查工程，特别是对于乡镇管理辖区内的小型水库、水闸、堤防、海堤等水利工程的安全，做好准备工作。

二、台风警报阶段

在台风警报阶段，各级防台单位做好"防"的工作。台风警报是在台风未来 48 小时登陆或严重影响负责的地区时发布，这个阶段的工作重点是"会商和准备"。

防台管理机构分析会商，明确防御重点，确定防御范围；省防指部署防台工作，具体工作如下。

（一）工程和措施准备——拆、固、备

危险的临时设施，如广告牌等需要拆除，建筑工地、船只等需要加固，基础设施抢险队伍时刻准备参与抢险及灾后援助，各种救灾物资在这个阶段备齐。

基层水利员在这个阶段要协助做好乡镇管理辖区内的防台准备，包括以下工作：

（1）网箱加固、建筑工地加固拆除、在建船只应急处理。

（2）水利、电力通信、交通、市政等基础设施抢险队伍与物资准备。

（3）水库、河网的预泄预排。

（4）海上船只回港避风。

（二）非工程准备——人员转移

人员转移准备是这个阶段的一项重要工作，也是基层水利员的工作重点，包括以下工作：

（1）确定梯次转移对象。

（2）选定熟悉转移路线，最好可以提前演练一遍。

（3）选定合适的转移方式和临时安置点，确保临时安置点的安全。

（4）准备被转移人员的基本生活必需品。

其中，根据人员所处的危险程度，人员转移分为两个批次。

1. 第一批

（1）海塘外，非标准海塘内、可能出险的标准海塘内及其他危险地带的全部人员，包括养殖人员、港区作业人员、滩涂造船作业人员、旅游休闲度假人员，以及当地居民群众、高潮位时易涝群众、外来务工人员和其他受影响人员。

（2）进港避风船只上除了必要的设备操作人员以外的所有人员。

（3）居住在危房、工棚、临时设施、低标准房屋、迎风房屋等的群众，处在易被大风吹倒的构筑物、高空设施等附近的人员。

2. 第二批

（1）存在严重安全隐患或不安全因素的水库下游人员。

（2）处在地质灾害隐患点的群众。

（3）对处在高暴雨区水库、水位较高水库下游和易受洪涝灾害威胁、易引发山洪和山体滑坡、泥石流灾害多发等地区的群众，要及时预警，及时做好安全转移。

（4）台风或影响区域内河湖库水面采取停船封航措施，及时转移船上和水上人员。

三、台风紧急警报阶段

在台风紧急警报阶段，主要做好"避"的工作，台风紧急警报应在台风未来24小时登陆时发布，这个阶段的工作重点是避险实施。

（1）省委省政府部署防台工作，具体工作如下：

1）第一时间组织人员转移。

2）封堵海塘旱闸等通道，封停内河（湖）船只航行，暂停各类建筑工地施工。

3）关闭机场、高速公路、渡口和旅游景区等。

4）台风严重影响区域企事业单位停工放假、中小学停课等。

5）省内电视台等媒体滚动播报台风动向，宣传防台抗台知识。

（2）在台风紧急警报阶段，基层水利员主要要做好乡镇管理辖区内的"避台"工作，具体分为以下两个方面：

1）带领群众，人员转移。

2）对容易暴发山洪和出现山体滑坡的地段，加强巡查预警。

四、台风登陆阶段

（1）在台风登陆阶段，主要做好"抢"的工作，即抢险救灾。这个阶段，基层水利员配合做好乡镇管理辖区内的"抢台"工作，具体如下：

1）协助抢救受伤群众。

2）协助营救被洪水围困群众。

3）协助镇政府、街道办事处做好灾情统计和救灾物资准备。

（2）山塘水库工作人员的工作：

1）加强山塘水库、山区小流域和地质灾害的监测巡查和预警，处置险情。

2）对大中型水库、河网实施联合调度。

五、台风解除阶段

台风过境后的台风解除阶段，要做好"救"的工作，即恢复救助。

省委省政府部署抗灾救灾工作，深入基层，慰问灾区群众，指导救灾工作；地方水利部门要抓紧时间抢修台毁设施、水毁设施、核报灾情、救济救助。

作为基层水利员，应该学会如何判断台风影响结束。在台风影响期间若出现风雨骤停的现象，有可能是进入了台风眼，并非是台风已经过去了，短时间后狂风暴雨又会突然袭来。此后，风雨逐渐减小并变成间歇性降雨，慢慢地风变小、雨渐停，这才表示台风过去了。如果台风眼并未经过当地，但风向逐渐从偏北风变成偏南风，且风雨减小，气压逐渐上升，天气转好，也表示台风已过去。最可靠的消息是，当地气象部门解除台风警报，防汛防台指挥部宣布结束应急响应，表示台风影响基本结束。

台风解除之后，被转移人员什么时候能返回呢？山洪、地质灾害往往滞后于暴雨发生，有时可能在暴雨停止，甚至天已经放晴后突然爆发。台风过后，转移、撤离人员不要立即返回，应确认危险区域已经安全，或政府及有关部门已经确认安全后，才可以返回。

第五节　防台的工程与非工程措施

防御台风工作坚持"以人为本、安全第一、预防为主、防抗结合、确保重点、统筹兼顾"的原则。其中"预防为主、防抗结合"，即在灾害发生前尽早做好防范工作，保障人民群众生命财产安全。在强调预防为主的同时，也要把抗灾抢险结合起来，充分利用行政手段（如组织人员安全转移、组织抢险队伍、调用社会力量和资源参与救灾）和技术手段（如监测预警、科学调度洪水、制定险情排除方案）等方法，减轻洪涝台灾害损失。

一、台风防御的工程措施

防洪防台工程是指为了控制和防御洪水、台风以减免洪涝台灾害损失所修建的工程，主要有挡水工程、泄洪工程和蓄水工程三类。其中，挡水工程常见的有河堤、湖堤、海堤（海塘）、挡潮闸等；泄洪工程常见的有泄洪闸、泄洪洞、溢洪道、泄洪渠等；蓄水工程常见的有水库。

在防洪防台工程建设方面，经过多年的努力，我国尤其是东南沿海地区已构建了较为完善的防洪、防潮、排涝和抗旱工程体系，在保障人民群众生命财产安全和支撑经济社会发展中发挥了重要作用。根据地域特点，沿海地区和海岛要重点做好台风和风暴潮防御；重要的江河干支流沿江两岸要做好台风带来的流域性或区域性洪水防范；山区溪流沿岸要做好山洪及滑坡、泥石流等台风次生灾害防范。

防灾减灾工程体系仍存在一些薄弱环节，如存在病险水库，屋顶山塘还待进一步加固，中小河流堤防标准较低，城镇和平原排涝能力不足，沿海农房抗风标准低，避风鱼港数量不足、抗风能力不高等因素，这些都制约了防灾减灾能力的提升。

因此，台风防御的工程措施是加强基础设施建设，重点实施五大系统工程和完善避灾场所的建设管理，特别是"强塘固房"工程，全面提高工程防御能力。

（一）沿海防潮系统工程

海堤是指沿海地区修建的挡潮、防浪堤防，也是围海工程的重要水工建筑物。浙江、福建、广州沿海群众习惯将海堤称为"海塘"。由于台风多数从沿海登陆，对于以上沿海地区，应以"塘闸配套，管护正常"的目标要求实施标准海塘维护、水闸配套改造和一、二线塘加固工程。

（二）江河防洪系统工程

堤防是在江、河、湖、海沿海或行政区、分蓄洪区、围垦区边缘修建的挡水建筑物。一般由土石料修筑，如果是由混凝土材料修筑，由于堤体较薄，又称为防洪墙，是江河防洪的主要组成，也是台风防御的重要工程手段。各省应根据水情概况，续建和新建控制性防洪工程，提高拦蓄和防洪御潮能力，增加防洪库容，推进水资源的综合利用；加固已有江河堤防，使得主要河流干流堤防按规划达标，城市防洪达标率应达到 95％ 以上。

（三）平原排涝系统工程

实施沿海平原骨干排涝工程，加大排泄能力，使主要平原达到防洪标准 50 年一遇、排涝标准 20 年一遇。平原排涝主要工程为排涝泵站，排涝泵站是为排除涝水而设置的，它是由抽水装置、进出水建筑物、泵房及附属设施组成的综合体，排涝泵可以将受淹区域的积水排入河道及其他排水通道，以减缓或消除受淹情况。

（四）水库保安系统工程

水库是在山沟或河流的狭口处建造拦河坝形成的人工湖泊，用以拦洪蓄水，具有防洪、供水、灌溉、发电、航运和养鱼等功能，如著名的千岛湖就是新安江水库。水库按库容的大小分为大（1）型水库（库容在 10 亿 m³ 以上）、大（2）型水库（库容在 1 亿～10 亿 m³）、中型水库（库容 0.1 亿～1 亿 m³）、小（1）型水库（库容 100 万～1000 万 m³）、小（2）型水库（库容 10 万～100 万 m³）。库容在 10 万 m³ 以下的称为山塘。

为了提升水库安全度，有效防御台风，应对存在安全隐患的山塘进行必要的整修加固，对小（2）型以上水库进行除险加固，落实大中型水库运行维护经费。

（五）渔船避风保安系统工程

避风港是指提供船只躲避大风浪的港湾。其中渔港是沿海渔区十分重要的基础设施，既是沿海防灾减灾体系的有机组成部分，也是渔区经济社会发展的重要基础。因此，台风防御的一项重要工程措施是对传统渔港进行改造、扩容、升级，推进沿海标准渔港建设。

（六）避灾场所建设管理工程

避灾场所是指为受到洪涝、台风、滑坡、泥石流等自然灾害和突发公共事件影响的群众，无偿提供的临时性避灾安置场所。避灾场所大多利用学校、社会福利院、体育馆、影剧院、会堂、办公楼等公共场所。

在台风来临前，要完善避灾场所的建设管理，合理规划，科学布局，加快沿海和山区小流域避灾场所建设，制定相关管理办法，保证避灾场所易用、能用、好用。

二、台风防御的非工程措施

台风防御的非工程措施指的是在现有的工程设施条件下，通过监测、预警、避险转移等非工程的办法，使得区域或流域发生洪涝台灾害时达到损失最小的目标。主要包括以下

6 个方面的内容。

（一）完善政策法规、制度建设

以健全法规、修订预案、落实责任、加强监管和分担风险为重点，进一步完善非工程措施，提高防御超强台风的应急处置能力。

我国是一个暴雨、洪水、台风等自然灾害频繁发生的国家，为防御和减轻灾害，维护人民群众生命和财产安全，保障经济社会可持续发展，国家颁布施行了《中华人民共和国水法》《中华人民共和国防洪法》（以下简称《防洪法》）、《中华人民共和国突发事件应对法》《中华人民共和国防汛条例》等法律、法规，对防汛防台组织指挥、防洪规划、治理与防护、防洪区和防洪工程设施管理、防汛抗洪保障措施、灾后处置等作了规定。同时制定了《国家防汛抗旱应急预案》，对防汛抗旱组织指挥体系、应急事件分级、预防和预警机制、应急响应行动、灾害处置、应急保障等进行了具体规定。

根据国家法律法规和相关预案的规定，结合各省的实际，每个省制定了地方性的法规条例。以浙江省为例，制定了《浙江省防汛防台抗旱条例》《浙江省防御洪涝台灾害人员避险转移办法》等地方性法规、规章，以及《浙江省防汛防台抗旱应急预案》，进一步明确了防汛防台工作原则、重点、制度和职责。

（二）落实防汛责任制体系

各级人民政府领导本地区的防汛防台抗旱工作。防汛防台抗旱工作实行各级人民政府行政首长负责制，以及分级分部门责任制和岗位责任制，实行责任追究制。

县级以上人民政府设立防汛防台抗旱指挥机构（防指），由本级人民政府负责人统一指挥。防指由具有防汛防台抗旱任务的部门、当地驻军、武警部队等单位负责人参加，其办事机构（防指办）设在本级水行政主管部门（一般是水利局或水务局），县级以上防指的主要职责是：组织防汛防台抗旱法律法规和防灾知识宣传，开展防灾演练；在上级防指和本级政府的领导下，具体组织指挥、协调本地区的防汛防台抗旱和抢险救灾工作；组织编制防汛防台抗旱预案，审定和批准洪水调度方案和抗旱应急供水方案；组织防汛防台检查和汛情会商；负责洪水调度和抗旱应急供水调度；负责发布和解除紧急防汛期等。

此外，各成员单位的责任分解，如水库管理安全责任人负责水库、堤防，包括重要的堤塘、分泄洪的安全巡查。

（三）完善台风监测系统

检测台风可以用气象卫星、雷达等准确探测台风的中心位置和强度，而且随着遥感仪器和探测技术的发展，台风的三维结构也可以清晰的展示。在现有的台风检测系统基础上，增加部分现有自动气象站的观测要素，适当增加沿海和海岛自动气象站的密度，建设海洋浮标站、风廓线、海洋气象观测船、地波雷达、高分辨卫星遥感、天气实况视频监测等新型探测系统。逐步完善，建成布局合理、探测要素较为齐全，探测手段较为先进的台风监测系统。

此外，可以利用微信公众号、手机 APP 等移动通信手段，发布台风实时路径，提升信息公开的时效性和普遍性。

（四）完善水雨情实时监测预警系统

水雨情实时检测预警系统主要包括水雨情检测系统和预警系统。水雨情检测系统主要包括水雨情监测站网布设、信息采集、信息传输通信组网、设备设施配置等。预警系统由洪涝台灾害预警平台和群测群防预警系统组成。

完善水雨情实时检测系统，要加大水雨情监测系统投资，新建水雨情监测站，整合水文、气象资源，以形成覆盖全省，到乡到村的监测预警网络。

（五）完善应急避险体系

运用超强台风研究成果，修订完善以人员避险为核心的预案，细化各项防御措施。

台风带来的狂风、暴雨、洪水、风暴潮都可能造成严重灾害，相关地区要按规定做好洪涝台灾害防御预案，特别要做好洪涝台灾害人员避险转移方案，完善应急避险体系。

因防御洪涝台灾害而进行的人员避险转移，实行分级负责、属地管理、科学合理原则。乡（镇）人民政府、街道办事处具体负责本区域内的人员转移工作，村（居）民委员会应当协助做好人员转移工作。按照浙江省委、省政府的部署，全省各级要依法构建覆盖城乡的基层防汛防台组织体系，实行"网格化管理、组团式服务"，在灾害预警、人员转移、避险安置、救济救助等方面形成网络，预警预案进农村、社区、学校、企业，保障人民群众的生命财产安全。

按照紧急避险通告或人员转移指令自行转移有困难的，当地政府应组织集中转移，告知被转移人员灾害的危害性及转移地点和方式。被转移人员应当服从统一安排和管理，并自备必要的生活用品和食品。在紧急避险通告或人员转移指令解除前，被转移人员不得擅自返回原住处，以防受到危害。

（六）加强民众防台风的意识

加强民众防台风知识的宣传教育，组织防台工作人员的业务培训，明确防台信息的发布主体，完善发布体系，提高全民防台减灾意识和自救能力。增设防汛防台日，在防汛防台日应当开展防汛防台知识宣传和演练。

公民、法人和其他组织都有保护防汛防台抗旱设施和依法参与防汛防台抗旱与抢险救灾的义务，并依法享有知情权、获得救助权和获得救济权。任何单位和个人发现灾害征兆和防洪工程险情，应当立即向县级以上人民政府防汛抗旱指挥机构及其办事机构、防洪工程管理单位或当地人民政府报告。

受台风影响较大地区的居民应当增强防风避险意识，落实防风安全措施，防止阳台、窗台、露台、屋顶上的搁置物、悬挂物坠落造成安全事故。乡（镇）人民政府、街道办事处和村（居）民委员会以及物业服务企业应当做好相关督促检查工作。

复 习 思 考 题

1. 台风预警级别划分为几个级别？分别用什么颜色表示？表示的含义分别是什么？
2. 群众可以通过哪几种方式获得防台知识？
3. 防台风演练的必要性有哪些？
4. 防御台风灾害的要领是什么？
5. 台风影响时，若落入水中该如何应急处理？
6. 台风防御可分为哪几个阶段？

第四章　防汛防台水利工程基本知识

学习任务：

（1）了解水利工程中水库、拦河坝、海堤工程、水闸泵站的工作原理和对地形的要求。

（2）理解重力坝、土石坝、拱坝、水闸、泵站的组成及作用。

（3）掌握各种水利工程的分类和特性，进一步扩充基层水利员防汛防台相关水利工程的专业知识。

第一节　水　　库

在河流的适当位置修建人工湖来存蓄洪水，调节径流，既可防洪，又可兴利，发展国民经济，这种人工湖称为水库。

一、水库的作用和特性

（一）利用水库调节径流

1. 年调节

每年洪水期的洪水存蓄于水库内，留待枯水期使用。这种运用方式称为年调节，如图4-1所示，这是最常见的方式。

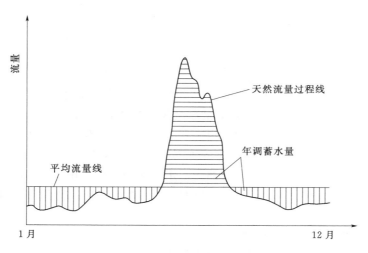

图4-1　年调节示意图

2. 多年调节

如果水库容积相当大，存蓄当年洪水还有余时，可以把丰水年的水量全部或部分蓄留在水库内，留待枯水年使用。这种运用方式称为多年调节。

3. 日调节

水力发电的用水量一般每天都有变化，把不发电时的水量蓄存起来，以使发电时用水量增加，称为日调节。

（二）水库的面积、容积特性曲线

水库的调节性能与水库的容积、面积有直接关系。因此，水库的容积和面积是两项重要的特性资料。

水库的面积、容积特性通常是用水库水位-面积关系曲线（简称面积曲线或 $Z-F$ 关系曲线）和水库水位-容积关系曲线（简称库容曲线或 $Z-V$ 关系曲线）来表示。这两条曲线在水库规划和设计阶段就已制好。方法是先在水库区域内测量出地形图，根据不同水位计算出相应的水库面积和库容，如图 4-2 所示。

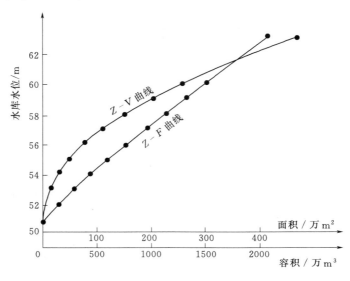

图 4-2　水库水位与面积、容积关系曲线

但在水库蓄水后，库区可能发生显著的地形变化（淤积和坍岸）。因此，必须校核或重新更正两种曲线。如北京市官厅水库泥沙淤积较严重，一般情况每年测绘一次库容曲线，根据新的曲线编制当年水库控制运用计划。计算水库水位和库容曲线时，所算出的容积为静水水库容积，即库水面是水平的，如果有一定的入库流量，库内水面呈回水曲线状，即是库末端水位比坝前水位高。这部分回水形成的附加容积，称为回水容积或动水库容，如图 4-3 所示。动水库容随入库流量的增加而增加，但一般在径流调节计算中不考虑动水库容的影响。

（三）水库的特征水位和相应库容

水库建成后，不是所有的库容都可以进行库容调节的。如一部分库底的库容作为淤沙使用，其他如灌溉、发电、航运、供水、养鱼以及旅游等都要求在水库运行时不低于某一水位。这一水位通常称为死水位（亦称设计低水位）。死水位以下的库容称为死库容，亦称垫底库容。死库容一般是不动用的，只有在特殊干旱年份，经上级主管部门批准后，方

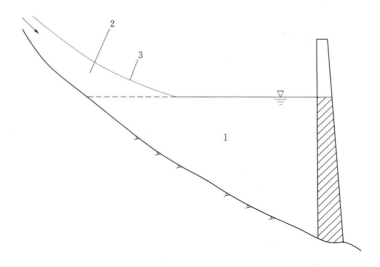

图 4-3 动水库容示意图
1—静水库容；2—动水库容；3—回水曲线

可动用部分存水。

为满足各兴利部门枯水期正常用水，需要在丰水期蓄满一定库容。这部分库容称为兴利库容（或称有效库容、调蓄库容）。兴利库容在死水位以上，争取在丰水期末蓄满。兴利库容蓄满后相应的水位通常称为设计蓄水位（或称正常蓄水位、兴利水位）。从设计蓄水位到死水位之间的深度，称为工作深度或消落深度。

水库在汛期要求有一部分库容用于削减洪峰。这部分库容称为调洪库容（或称防洪库容），应在汛前腾空，准备洪水到来时能及时拦蓄洪水。在汛前腾空库容的相应水位称为汛前限制水位（简称汛限水位），也称汛期限制水位或防洪限制水位。

当发生设计洪水时，水库一方面尽量泄水，另一方面要蓄水，最后水库达到的最高水位称为设计洪水位。当发生校核洪水时，水库达到的最高水位称为校核洪水位。汛前限制水位到设计洪水位之间的调洪库容称为设计调洪库容；汛前限制水位到校核洪水位之间的调洪库容称为校核调洪库容。

校核洪水位到库底的全部库容称为水库的总库容。各水位与相应库容如图 4-4 所示，图中设计蓄水位与汛前限制水位之间的额库容，既是兴利库容，又是调洪库容，因此称为共用库容或重叠库容。

在规划、设计水库时，上述的各特征水位按设计指标均已拟定。但水库运用后，由于积累了经验和水文资料逐年增加，设计洪水值必然有改变，从而影响调洪库容；由于兴利用水计划逐年也有变化，兴利库容也有变化。因此，要根据实际情况，对各特征水位作必要的改正。

二、水库对上游的影响

（一）淹没区

不言而喻，每座水库都要在不同程度上淹没一部分土地，迁移一些库区居民。国家要

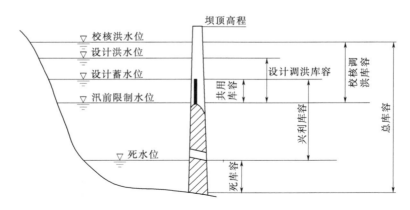

图 4 - 4　水库的特征水位与相应库容

安排好迁移的居民生活。但淹没区如有重要矿产、城镇、工业设施或有保护价值的古迹，就需要研究水位的标准是否合适。对有纪念性的建筑物可以加以保护或迁移。

按淹没情况不同，可分为永久淹没区和临时淹没区。一般来说设计蓄水位以下的区域称为永久淹没区；以上至校核洪水位的区域称为临时淹没区。永久淹没区的居民、生产企业等必须迁移，而在临时淹没区则应采取一定的防洪措施。大型水库，特别是多年调节的，不能马上蓄到最高水位的可以考虑分期、分批迁移居民和生产企业。也可将临时淹没区改种小麦，洪水来临前小麦已收割。

（二）地下水

水库蓄水以后，上游地下水位随之上升，为上游利用地下水灌溉创造了有利的条件，但也可能会带来下列一些不利后果。

（1）由于地下水位的上升，可能引起耕地的盐碱化，使农作物减产以至土地荒废。

（2）房屋地基被地下水浸润，可能发生下陷，房屋倒塌。

（3）当地下水露出地表，使洼地成为沼泽时，易滋生蚊虫，卫生条件恶化。

这种情况下需要进行排水，受地下水影响严重的房屋应迁移。蚊虫危害严重的地带，可清除洼地杂草，施放药物，杀死蚊类幼虫。

（三）边岸坍塌

水库蓄水以后，库区周边由于浸润，加上风浪撞击、淘刷，土质岸坡可能坍塌，有的水库岸坡坍塌宽度达数十米。这不但增加了水库的淤积，也威胁了岸坡附近的生产企业和居民点的安全。如官厅水库黄土岸坡一带坍塌相当严重，有的居民点只好转移。

造成坍塌的原因如下：

（1）岸坡进水以后，土壤的内摩擦角和凝聚力减少，土体稳定性降低，特别是黄土质的岸坡。

（2）由于波浪的冲击、淘刷，岸坡下部被掏空以后，上部岸坡就会坍塌下来。

（3）沿岸水流的淘刷。

（4）冰凌的冲击。

以上原因以前两项影响较大。

一般土质的岸坡坍塌以后，岸坡变缓，可逐渐趋向稳定。

（四）上游水文条件的变化

1. 上游回水

挡水建筑物如拦河坝等，抬高水位时，在上游形成一条平缓的水面曲线，称为回水曲线（图4-5）。回水曲线取决于坝前的壅水高程、原河道的坡降和入水库的流量。由于壅水高程及入库流量不断变化，回水曲线也随时变化。回水曲线还受下列因素影响：由于水库发生淤积，在库上游边缘往往形成三角洲，使回水曲线逐渐抬高；由于水库解冻日期比河道稍晚，上游浮冰流到水库上游边缘，可能造成冰坝，使水位壅高，甚至泛滥成灾；长时间吹向一个方向的大风，也会使水库水位向风向一侧略有壅高。

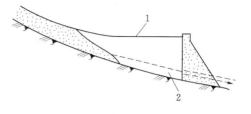

图4-5 回水曲线及异重流示意图
1—回水曲线；2—异重流

2. 水库泥沙淤积

流速减缓，水流所挟带的泥沙逐渐沉积，所以水库的淤积是不可避免的现象，只是淤积程度有所不同。水库的淤积将带来以下后果：

（1）库容减小。

（2）回水曲线抬高，淹没范围增加。

（3）在库上游区域，水深变浅，影响通航。

（4）影响水电站的运转。

3. 波浪作用

在风力作用下，水库水面发生波浪，在水面很宽的水库里，在大风的作用下浪高有时可以达到3m以上。波浪带来一系列不利影响：破坏护坡；恶化航运条件；促使岸坡坍塌。在设计坝顶高度时要考虑波浪高度，挡水建筑物也要考虑承受波浪的附加压力。

波浪高度和长度与水库吹程（垂直于坝轴线的水库中最大水面距离）及风速有关。吹程长、风速高，波浪的高度和长度都大。

三、水库对下游的影响

1. 下游滩地的改善

由于水库控制了径流，使下游河流的洪涝灾害大为减轻，促使农业增产。另外一些常遭受洪涝灾害的河滩地、沼泽地也会变成高产的农田。如丹江口水利枢纽修建后，虽然淹没了大片土地，但也使下游增加了一些新的可耕地。这种现象在大河流修建大型水库时颇为显著。

2. 下游河床的变形

由于水库对来水中的泥沙有澄清作用。水库泄到下游的水流几乎不含泥沙或含泥沙甚少。这样的清水有很强的冲刷能力，所以坝下游很长一段河道会受到强烈的冲刷。河床被冲刷，水位下降。例如，奥地利的列恒加勒坝，运用22年后，距坝下游1km处水位下降5.6m，距坝下游9km处水位下降0.7m。由于下游水位下降可能引起如下一些后果：

（1）河水位下降，附近地区内的地下水位亦随之下降，土地干燥，甚至井水干涸，取水困难。

（2）原来的护岸工程及桥梁基础受到淘刷，影响建筑物的安全。

（3）原来的下游引水工程，由于水头降低，不能取得足够的水量。

（4）水库水电站的尾水位降低，可能引起水轮机的汽蚀（机内高速水流含有无数小气泡和气核，发生"微观水击"，损坏水轮机叶片）。

（5）下游的水位降低，有利于防洪。

当水库泄出有异重流的水量时，对下游河床仍有淤积作用，改变了河流冲淤规律，对下游防洪建筑物不利。

总之，设计水库对下游河道的变化应予重视。有的下游河道，即使无航运要求，也不应当使之干涸，因为要维持鱼类生存和保证饮用的井水水源需保持一定的地下水水位。在必要时，水库应放出一定的水量，维持生态平衡。

3. 下游流量的变化

水电站一般都担负尖峰负荷（在用电多时发电），所以流量经常变化，以致造成下游是非恒定流（流量和水位都在变化的水流），严重时会影响下游的通航条件。

第二节 拦 河 坝

拦河坝按其建筑物材料可分为混凝土坝、土石坝和浆砌石坝，混凝土坝可分为重力坝、拱坝、支墩坝等。本节着重介绍重力坝、土石坝和拱坝。

一、重力坝

重力坝是一种古老而又应用广泛的坝型，它因主要依靠坝体自重产生的抗滑力维持稳定而得名。通常修建在岩基上，用混凝土或浆砌石筑成。坝轴线一般为直线，垂直坝轴线方向设有永久性横缝，将坝体分为若干个独立坝段，以适应温度变化和地基不均匀沉陷，坝的横剖面基本上是上游近似于铅直的三角形，如图 4-6 所示。

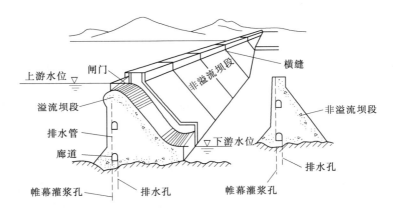

图 4-6 混凝土重力坝示意图

（一）重力坝的工作原理及特点

重力坝的工作原理是在水压力及其他荷载的作用下，依靠坝体自身重量在滑动面上产生的抗滑力来满足稳定要求；同时也依靠坝体自重在水平截面上产生的压应力来抵消由于水压力所引起的拉应力，以满足强度要求。与其他坝型比较，其主要特点有：

（1）结构作用明确，设计方法简便。重力坝沿坝轴线用横缝将坝体分成若干个坝段，各坝段独立工作，结构作用明确，稳定和应力计算都比较简单。

（2）泄洪和施工导流比较容易解决。重力坝的断面大，筑坝材料抗冲刷能力强，适用于在坝顶溢流和坝身设置泄水孔。在施工期可以利用坝体或底孔导流。枢纽布置方便紧凑，一般不需要另设河岸溢洪道或泄洪隧洞。在意外的情况下，即使从坝顶少量过水，一般也不会导致坝体失事，这是重力坝最大的优点。

（3）结构简单，施工方便，安全可靠。坝体放样、立模、混凝土浇筑和振捣都比较方便，有利于机械化施工。而且由于剖面尺寸大，筑坝材料强度高，耐久性好，因此抵抗水的渗透、冲刷，以及地震和战争破坏的能力都比较强，安全性较高。

（4）对地形、地质条件适应性强。地形条件对重力坝的影响不大，几乎任何形状的河谷均可修建重力坝。由于坝体作用于地基面上的压应力不高，所以对地质条件的要求也较低。重力坝对地基的要求虽比土石坝高，但低于拱坝及支墩坝，对于无重大缺陷、一般强度的岩基均可满足要求。

（5）受扬压力影响较大。坝体和坝基在某种程度上都是透水的，渗透水流将对坝体产生扬压力。由于坝体和坝基接触面较大，故受扬压力影响也大。扬压力的作用方向与坝体自重的方向相反，会抵消部分坝体的有效重量，对坝体的稳定和应力不利。

（6）材料强度不能充分发挥。由于重力坝的断面是根据抗滑稳定和无拉应力等条件确定的，坝体内的压应力通常不大，使材料强度得不到充分发挥，这是重力坝的主要缺点。

（7）坝体体积大，水泥用量多，一般均需采取温控散热措施。许多工程因施工时温度控制不当而出现裂缝，有的甚至形成危害性裂缝，从而削弱坝体的整体性能。

（二）重力坝的类型

重力坝可按以下不同标准分类。

（1）按坝的高度分类，可分为高坝、中坝、低坝 3 类。坝高大于 70m 的为高坝；坝高在 30～70m 之间的为中坝；坝高小于 30m 的为低坝。坝高指的是坝体最低面（不包括局部深槽或井、洞）至坝顶路面的高度。

（2）按筑坝材料分类，可分为混凝土重力坝和浆砌石重力坝。一般情况下，较高的坝和重要的工程经常采用混凝土重力坝；中、低坝则可以采用浆砌石重力坝。

（3）按泄水条件分类，可分为溢流坝和非溢流坝。坝体内设有泄水孔的坝段和溢流坝段统称为泄水坝段。非溢流坝段也可称作挡水坝段，如图 4-6 所示。

（4）按施工方法分类，可分为浇筑式混凝土重力坝和碾压式混凝土重力坝。

（5）按坝体的结构形式分类，可分为实体重力坝［图 4-7（a）］、宽缝重力坝［图 4-7（b）］、空腹重力坝［图 4-7（c）］。

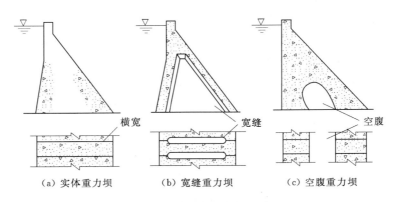

|（a）实体重力坝|（b）宽缝重力坝|（c）空腹重力坝|

图 4-7　重力坝的结构形式

二、土石坝

土石坝是指由土料、石料或土石混合料，采用抛填、碾压等方法堆筑成的挡水坝。堤防是沿河岸构筑的护岸建筑物，大多数采用土石坝的结构形式，在许多方面土石坝与堤防都存在共性。由于结构简单、施工方便、可就地取材和投资低等特点，因而土石坝是应用最为广泛和发展最快的一种坝型，也是历史最为悠久的坝型。

（一）土石坝的工作原理

土石坝是土石材料的堆筑物，主要利用土石颗粒之间的摩擦、黏聚特性和密实性来维持自身的稳定、抵御水压力和防止渗透破坏。一般来说，土石坝为维持自身稳定需要较大的断面尺寸，因而有足够的能力抵御水压力。因此，土石坝工程主要面对两个问题，即确保自身稳定和防止渗透破坏。其中自身稳定包括滑坡、渗流、沉陷和冲刷等问题。

1. 滑坡

由于土石材料为松散体，抗剪强度低，主要依靠土石颗粒之间的摩擦和黏聚力来维持稳定，没有支撑的边坡是填筑体稳定问题的关键。因此，土石坝失稳的形式，主要是坝坡的滑动或坝坡连同部分坝基一起滑动，影响坝体的正常工作，甚至导致工程失事。为确保土石填筑体的稳定，土石坝断面一般设计成梯形或复合梯形，而且边坡较缓，通常为 1 ∶ 1.5～1 ∶ 3.5。

2. 渗流

水库蓄水后，土石坝迎水面与背水面之间形成一定的水位差，在坝体内形成由上游向下游的渗流。渗流不仅使水库损失水量，还会使背水面的土体颗粒流失、变形，引起管涌和流土等渗透破坏。在坝体与坝基、两岸以及其他非土质建筑物的结合面，还会产生集中渗流现象。

防止渗流破坏的原则是"前堵后排"，在坝前（迎水面）采取防渗、防漏的工程措施，减少渗流量，同时要尽量排除渗入坝体的水量，降低渗流对坝体的不利影响。

3. 沉陷

由于土石颗粒之间存在较大的孔隙，在外荷载的作用下，易产生移动、错位，细颗粒填充部分孔隙，使坝体产生沉降，也使土体逐步密实、固结。如果土石坝颗粒级配不合理,沉降变形不均匀会产生裂缝,破坏坝体结构,也会降低坝顶高程,使坝的高度不足。土石坝的沉陷与坝体、坝基的土石材料有关,因此,土石坝设计需要考虑土石材料选用、坝基处理、填筑工艺等因素,筑坝时应有适量的超填。

4. 冲刷

土石坝为散粒结构,抗冲能力低,受到波浪、雨水和水流作用,会造成冲刷破坏。因此,土石坝坝坡要设置护面结构,特别是迎水面要防止波浪影响,是护面的重点。背水坡面要设置排水沟,防止雨水对坝面的冲刷。土石坝的溢洪道和引水涵一般远离坝区布置,以免冲刷坝体。土石堤防还要采用各种护脚措施,例如抛石和模袋混凝土护脚,或设置丁坝。

(二) 土石坝的类型

1. 按坝高分类

根据我国《碾压式土石坝设计规范》(SL 274—2001)的规定:土石坝按其坝高可分为低坝、中坝和高坝。高度在 30m 以下的为低坝,高度 30~70m 为中坝,高度在 70m 以上为高坝。

2. 按施工方法分类

(1) 碾压式土坝。碾压式土坝的施工方法是用适当的土料,以合理的厚度分层填筑,逐层压实而成的坝。碾压填筑是应用最广的土坝施工方法,本节主要讲述该类型土坝。

(2) 水力冲填坝。以水力为动力完成土料的开采、运输和填筑全部筑坝工序而建成的土坝。利用水力冲刷泥土形成泥浆,通过泵或沟槽将泥浆输送到土坝填筑面,泥浆在土坝填筑面沉淀和排水固结形成新的填筑层,这样逐层向上填筑,直至完成整个坝体填筑。

(3) 定向爆破堆石坝。利用定向爆破方法,将河两岸山体的岩石爆出、抛向筑坝地点,形成堆石坝体,经过人工修整,浇筑防渗体,即可完成坝体建筑。

3. 按坝体材料的组合和防渗体的材料、相对位置分类

(1) 土坝。土坝是用土料填筑而成的挡水坝。根据土料的分布情况,土坝还可分为均质坝、黏土心墙坝或斜墙坝、人工材料心墙坝或斜墙坝和多种土质坝。均质坝采用单一土料填筑,要求土料具有一定的防渗性能。黏土心墙坝或斜墙坝是采用防渗能力强的黏土作防渗体,设在坝体中上游位置,两边用透水性较大但抗剪强度较大的土料填筑。人工材料心墙或斜墙坝则是采用防渗能力强的人工材料,如沥青混凝土、钢筋混凝土作防渗体,设在坝体中靠上游位置,两边用土料填筑。多种土质坝采用多种土料填筑,一般要设防渗心墙或斜墙。

(2) 土石混合坝。多种土质坝的下游部分采用砂砾石料时,就构成土石混合坝。

(3) 堆石坝。坝体绝大部分采用石料堆筑的坝,需要设置防渗心墙或斜墙。

土石坝的具体类型如图 4-8 所示。

三、拱坝

拱坝是在平面上呈凸向上游,借助梁和拱的作用将水压力的全部或部分传给河床和河谷两岸的基岩,以获得自身稳定的挡水建筑物。

(一) 拱坝的工作原理及特点

(1) 结构特点。坝体结构既有拱作用又有梁作用,因此具有双向传递荷载的特点。坝体所承受的水平荷载一部分由拱的作用传至两岸岩体,另一部分通过竖直梁的作用传到坝

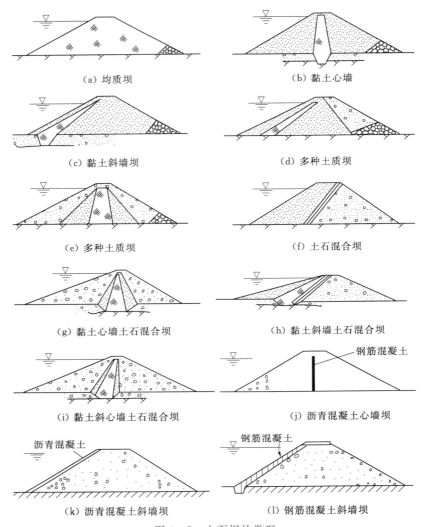

（a）均质坝　　　　　　　　　（b）黏土心墙

（c）黏土斜墙坝　　　　　　　（d）多种土质坝

（e）多种土质坝　　　　　　　（f）土石混合坝

（g）黏土心墙土石混合坝　　　（h）黏土斜墙土石混合坝

（i）黏土斜心墙土石混合坝　　（j）沥青混凝土心墙坝

（k）沥青混凝土斜墙坝　　　　（l）钢筋混凝土斜墙坝

图 4-8　土石坝的类型

底基岩，如图 4-9 所示。拱坝所坐落的两岸岩体部分称作拱座或坝肩；位于水平拱圈拱顶处的悬臂梁称作拱冠梁，一般位于河谷的最深处。

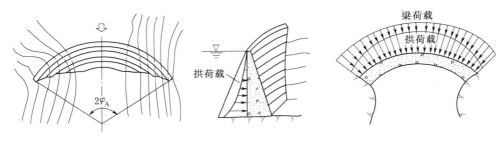

图 4-9　拱坝受力特点

（2）稳定特点。拱坝的稳定性主要是依靠两岸拱端的反力作用。

（3）内力特点。结构是一种推力结构，在外荷作用下内力主要为轴向压力，有利于发挥筑坝材料（混凝土或浆砌块石）的抗压强度，从而坝体厚度就越薄。拱坝是高次超静定结构，当坝体某一部位产生局部裂缝时，坝体的梁作用和拱作用将自行调整，坝体应力将重新分配。所以，只要拱座稳定可靠，拱坝的超载能力是很高的。混凝土拱坝的超载能力可达设计荷载的5～11倍。

（4）性能特点。拱坝坝体轻韧，弹性较好，整体性好，故抗震性能也是很高的。拱坝是一种安全性能较高的坝型。

（5）荷载特点。拱坝坝身不设永久伸缩缝，其周边通常是固接于基岩上，因而温度变化和基岩变化对坝体应力的影响较显著，必须考虑基岩变形，并将温度荷载作为一项主要荷载。

（6）泄洪特点。在泄洪方面，拱坝不仅可以在坝顶安全溢流，而且可以在坝身开设大孔口泄水。目前坝顶溢流或坝身孔口泄水的单宽流量已超过200m³/s。

（7）设计和施工特点。拱坝坝身单薄，体形复杂，设计和施工的难度较大，因而对筑坝材料强度、施工质量、施工技术以及施工进度等方面要求较高。

（二）拱坝对地形地质的要求

1. 对地形的要求

地形条件是决定拱坝结构形式、工程布置以及经济性的主要因素。理想的地形应是左右两岸对称、岸坡平顺无突变，在平面上向下游收缩的峡谷段。坝端下游侧要有足够的岩体支撑，以保证坝体的稳定。

拱坝的厚薄程度，常以坝底最大厚度 T 和最大坝高 H 的比值，即"厚高比" T/H 来区分。当 $T/H<0.2$ 时，为薄拱坝；当 T/H 在 0.2～0.35 之间时，为中厚拱坝；当 $T/H>0.35$ 时，为厚拱坝或重力拱坝。

坝址处河谷形状特征常用河谷"宽高比" L/H 以及河谷的断面形状两个指标来表示。L/H 值小，说明河谷窄深，拱坝水平拱圈跨度相对较短，悬臂梁高度相对较大，即拱的刚度大，梁的刚度小，坝体所承受的荷载大部分是通过拱的作用传给两岸，因而坝体可设计得较薄。反之，当 L/H 值很大时，河谷宽浅，拱作用较小，荷载大部分通过梁的作用传给地基，坝断面必须设计得较厚。一般情况下，在 $L/H<2$ 的窄深河谷中可修建薄拱坝；在 L/H 为 2～3 的中等宽度河谷中修建中厚拱坝；在 L/H 为 3～4.5 的宽河谷中多修建重力拱坝；在 $L/H>4.5$ 的宽浅河谷中，一般只宜修建重力坝或拱形重力坝。

2. 对地质的要求

地质条件也是拱坝建设中的一个重要问题。拱坝地基的关键是两岸坝肩的基岩，它必须能承受由拱端传来的巨大推力，保持稳定，并不产生较大的变形，以免恶化坝体应力甚至危及坝体安全。理想的地质条件是：基岩均匀单一、完整稳定、强度高、刚度大、透水性小和耐风化等。但是，在实际应用当中，理想的地质条件是不多的，应对坝址的地质构造、节理与裂隙的分布，断层破碎带的切割等认真查清。必要时，应采取妥善的地基处理措施。

（三）拱坝的类型

1. 按拱坝的曲率分

按拱坝的曲率分为单曲和双曲。单曲拱坝在水平断面上有曲率，而悬臂梁断面上不弯曲或曲率很小，如图 4-10（a）所示。单曲拱坝适用于近似矩形的河谷或岸坡较陡的 U

形河谷。双曲拱坝在水平断面和悬臂梁断面都有曲率，拱冠梁断面向下游弯曲，如图4-10（b）所示。双曲拱坝适用于 V 形河谷。

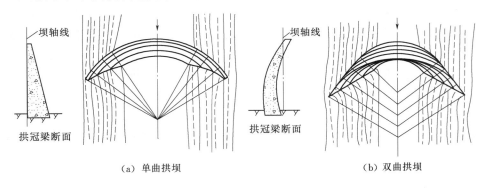

（a）单曲拱坝　　　　　　　　　　（b）双曲拱坝

图 4-10　单双曲拱坝示意图

2. 按水平拱圈形式分

按水平拱圈形式可分为圆弧拱坝、多心拱坝、变曲率拱坝（椭圆拱坝和抛物线拱坝等），如图 4-11 所示。圆弧拱坝拱端推力方向与岸坡边线的夹角往往较小，不利于坝肩岩体的抗滑稳定。多心拱坝由几段圆弧组成，且两侧圆弧段半径较大，可改善坝肩岩体的抗滑稳定条件。变曲率拱坝（抛物线拱、椭圆拱等）的拱圈中间段曲率较大，向两侧曲率逐渐减小。

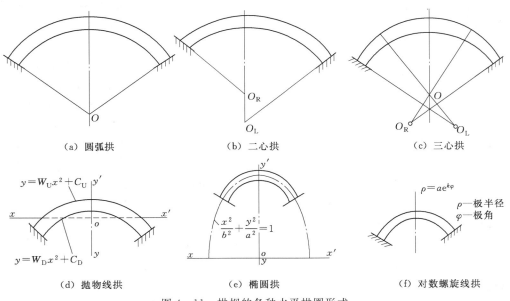

（a）圆弧拱　　　　（b）二心拱　　　　（c）三心拱

（d）抛物线拱　　　　（e）椭圆拱　　　　（f）对数螺旋线拱

图 4-11　拱坝的各种水平拱圈形式

四、溢洪道

在水利枢纽中，为了防止洪水漫顶，危及大坝安全，必须设置泄水建筑物，以宣泄水库多余水量。常见的泄水建筑物有河床式溢洪道、河岸式溢洪道。在坝体以外的岸边或天然垭口布置溢洪道，称为河岸式溢洪道。河岸溢洪道一般适用于土石坝、堆石坝等水利枢纽。河床溢洪道即溢流坝，通常用于重力坝枢纽。

溢洪道除应有足够的泄洪能力外，还应保证在运行期间的自身安全和下泄水流与原河道水流得到良好的衔接。

（一）河岸溢洪道的类型

河岸溢洪道可以分为正常溢洪道和非常溢洪道两大类。

正常溢洪道常用的主要有正槽式、侧槽式、井式、虹吸式 4 种，其中正槽式、侧槽式溢洪道属于开敞式溢洪道，井式、虹吸式溢洪道属于封闭式溢洪道。非常溢洪道有漫流式、自溃式和爆破引溃式等几种。

1. 正槽式溢洪道

正槽式溢洪道的泄槽轴线与溢流堰轴线正交，过堰水流方向与泄槽轴线方向一致，水流方向不变，进入泄水槽，如图 4 - 12 所示。其具有水流平顺、泄水能力强、结构简单等特点，较为常用。正槽式溢洪道适用于岸边有合适的马鞍形山口的地形，此时开挖量最小。

2. 侧槽式溢洪道

侧槽溢洪道的泄槽轴线与溢流堰轴线接近平行，水流过堰后，在侧槽内转弯约 90°，再经泄水槽泄入下游，如图 4 - 13 所示。这种

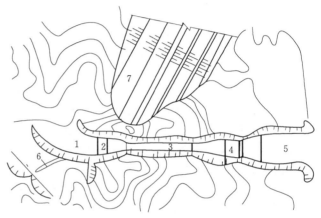

图 4 - 12 正槽式溢洪道示意图
1—引水渠；2—溢流堰；3—泄槽；4—消能防冲设施；
5—出水渠；6—非常溢洪道；7—土石坝

溢洪道水流条件复杂，水面极不平稳，结构复杂，对大坝有影响。当两岸山体陡峭，无法布置正槽式溢洪道时，可在坝头一端布置侧槽式溢洪道，此时溢流堰的走向与等高线大体一致，可减少开挖量，但水流会有转向问题。适用于中、小型工程。

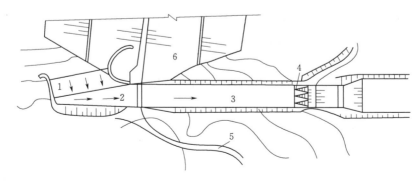

图 4 - 13 侧槽式溢洪道示意图
1—溢洪道；2—侧槽；3—泄槽；4—出口消能段；5—上坝公路；6—土石坝

3. 井式溢洪道

井式溢洪道主要由溢流喇叭口段、渐变段、竖井段、弯道段和水平泄洪洞段等组成，如图 4-14 所示。这种溢洪道中的水流为管流，泄水能力低，水流条件复杂，易出现空蚀，应用较少。岸坡陡峭、地质条件良好，又有适宜的地形时，可采用此种溢洪道。

4. 虹吸式溢洪道

虹吸式溢洪道由进口（遮檐）、曲形虹吸管、具有自动加速发生虹吸作用和停止虹吸作的辅助设备、泄槽及下游消能设备等组成，如图 4-15 所示，曲管最顶部设通气孔，通气孔的出口在水库的

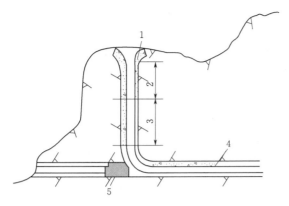

图 4-14　井式溢洪道示意图
1—喇叭口；2—渐变段；3—竖井；
4—出水隧洞；5—混凝土塞

正常高水位处，当水库的水位超过正常高水位，淹没了通气孔，曲管内没有空气，泄水时有虹吸作用，可增加泄水能力。其特点是结构复杂，不便检修，易空蚀，超泄水能力小。用于水位变化不大和需随时进行调节的中小型水库，以及发电和灌溉的渠道上。

（二）河床式溢洪道的位置选择

1. 安全方面

修建在坚固的岩石地基上，必须修在挖方上，两侧山体必须保证稳定，水流进出口不宜离大坝太近。

2. 经济方面

选择高程合适的马鞍形山口，开挖方量少，出水归河，冲毁农田少。

图 4-15　虹吸式溢洪道示意图
1—遮檐；2—通气孔；3—挑流坎；4—曲管

3. 施工运用方面

为管理运用方便，不宜离大坝太远，施工中要考虑出渣线路、堆渣场地，最好开挖的土石料能用在修坝中。要考虑爆破的影响。

第三节　海　堤　工　程

一、海堤工程的定义及其发展

海堤是沿海岸修建的挡潮防浪的堤，是围海工程的重要水工建筑物。《海堤工程设计规范》（GB/T 51015—2014）中对海堤（海塘、海挡、防潮堤）的定义为：为防御风暴潮水和波浪对防护区的危害而修筑的堤防工程。简单地说，海堤工程就是在海涂上筑堤。

我国修堤历史悠久，在汉代就有海堤。新中国成立后，在整修加固原有海堤的同时，

还新建了大量海堤，采用了挖泥船或泥浆泵吸泥筑堤填塘；混凝土异形块保护临水坡；预制沉箱和浮运沉井保护堤脚与丁坝坝头，防止淘刷；并试用尼龙网坝促淤保滩等。我国钱塘江河口有世界闻名的涌潮，潮头壁立，波涛汹涌，其高度可达 3.5m，最大潮差达 8.9m，曾测到的最大流速为 12m/s，海塘顶放置古时铸造的 1.5t 重的"镇海铁牛"被涌潮推移十余米远。为抗御涌潮对海堤的强大破坏力，清代曾修筑著名的鱼鳞石塘防洪海堤。

我国早期修建海堤工程主要是沿海地区为了有效抵御潮（洪）水，合理治江而进行筑堤，后来很多是结合防洪治江进行围垦筑堤。筑堤主要在涨落潮位差大的滩涂地段进行，防止潮汐浸渍并将堤内海水排出，形成土地，可用于农业生产，又可发展养殖业、工业、旅游业、房地产业及相关产业。海堤工程也慢慢从在高滩海涂上筑土堤向中低滩发展。堤型从土堤、砌石堤向土石混合堤、充泥管袋堤发展。海堤的断面型式从一开始的单一陡墙式、斜坡式向混合式发展。特别是近年来，大型施工船舶、新土工材料、控制爆炸挤淤技术应用于海堤施工中，我国海堤技术和质量都有了很大的发展。

二、海堤工程的设计要求

目前，沿海地区已初步形成由江海堤防、水库、闸涵以及沿海防风林带组成的较完整的防风暴潮工程体系。海堤工程建设事关人民群众生命财产安全和经济社会稳定，是抵御风暴潮灾害的重要措施，是我国沿海地区民生水利的重要内容。随着国民经济的快速发展，人民生活水平的不断提高，对防洪防潮的需求日益提高，海堤工程建设将会引起沿海地区更加广泛的关注。正因为海堤工程极其重要，遭水毁后果极其严重，所以我们必须加强对海堤工程建设的管理，确保做到安全可靠、经济合理、技术先进、施工精细、管理规范。

为了确保海堤工程的安全运用，海堤工程应满足稳定、渗流、变形、抗冲刷等直接涉及工程安全的基本要求。另外，也应考虑海堤周边生态环境以及景观的要求。

三、海堤工程的分类

我国海堤工程种类繁多，按筑堤材料分为土堤、砌石堤、土石混合堤、钢筋混凝土防洪墙等。我国沿海人民在抗风浪、御大潮的斗争中，因地制宜，就地取材，创造了多种多样的海堤型式。我国海堤的型式，随堤基高程、风浪潮流大小、土质软硬、施工条件、材料来源及地方习俗的不同而异。早期在平均高潮位或小潮高潮位以上筑堤时，小潮期一般滩地上不淹水，土质较硬，即使滩地淹没时，水深也不大，风浪较小，施工较易。在这类高滩上筑堤，一般以土地为主，迎水面种植草皮或做干砌块石护坡。

按工程建设性质可分为新建、老堤加固或改建、扩建等。

海堤工程按迎水坡外形可分为斜坡式、陡墙式和混合式三类。

（一）斜坡式

斜坡式为迎水面坡比大于 1 的海堤，如图 4－16 所示，这是比较常用的断面形式。从堤身材料看，常用的是土堤和土石混合堤，并在迎水面设置护面保护。护面的种类有干（浆）砌石、抛石、混凝土、钢筋混凝土、模袋混凝土、栅栏板、异形人工块体及水泥土等，我国海堤以砌石护坡使用最广。

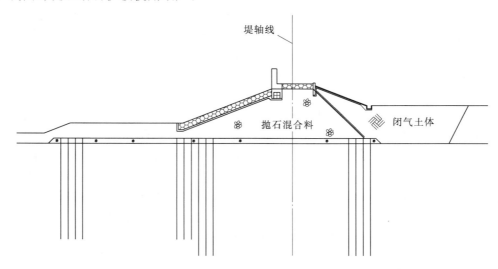

图 4 - 16　斜坡式海堤断面图

斜坡式海堤的优点是迎水坡较平缓，反射波小，大部分波能可在斜坡上消耗，防浪效果较好；地基应力分布较分散均匀，对地基要求较低；稳定性好；施工较简易，便于机械化施工；便于修复。

其主要缺点是断面大，占地多；波浪爬高（当迎水坡 m 为 1.5～2.0 时）较大；需较高的堤顶高程。斜坡式海堤可用于风浪较大的堤段。

（二）陡墙式

迎水面砌筑成坡比 m 小于 1 的陡墙。如图 4 - 17 所示，此类海堤断面迎水面用块（条）石、混凝土等砌筑。墙后设置碎石反滤层或土工布反滤，也有采用抛石渣代替的，同时在后方填筑土方。

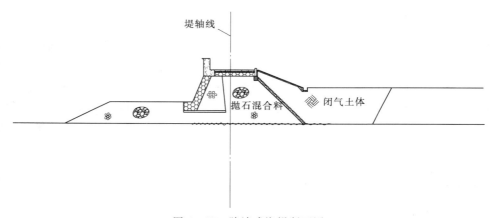

图 4 - 17　陡墙式海堤断面图

陡墙式海堤的优点是断面小，占地少，工程量较省；波浪爬高较斜坡堤小，堤顶高程可略低；施工时采用"土石并举、石方领先"的方法，以石方掩护土方，可减少土方被潮浪冲刷流失。

陡墙式海堤的缺点是堤基应力较集中、沉降较大、对地基要求较高；堤前波浪底流速较大，易引起堤脚冲刷，需采取护脚防冲措施；波浪破碎时对防护墙的动力作用强烈，波浪拍击墙身，浪花随风飞跃溅落堤顶及内坡，对海堤破坏性较大，因此对砌石结构要求较高，堤顶及内坡也要采取适当防护措施；防浪墙碎坏后维修较困难。

斜坡式海堤一般用于波浪不大、地基较好的堤段。从水动力学的观点看，一般情况下，堤轴线位于破波带外，且受立波作用，或在堤前水浅、浪小的堤段，均可考虑采用此类围堤。

（三）混合式

海堤迎水面由斜坡和陡墙联合组成，如图 4-18 所示。混合式海堤主要分为两种：一种是上部为斜坡，下部为陡墙；另一种是上部设陡墙，下部为斜坡。

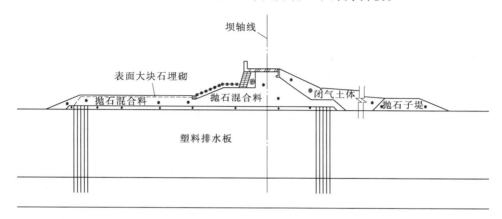

图 4-18　混合式海堤断面示意图

混合式海堤具有斜坡式和陡墙式两者的特点，如果将两种型式适当组合，合理应用，可发挥两者的优点。但海堤变坡转折处，波流紊乱，结构易遭破坏，需要加固。混合式海堤一般在涂面较低、水深不大的情况下采用。

四、海堤工程的特点

海堤工程的特点如下：

（1）海堤工程位于潮间带，水下施工和候潮施工工作量大，受潮汐影响大。工程往往跨汛期，度汛保护要求较高、风险大。

（2）海堤工程常常遭遇软土地基，地质条件差。地基稳定和沉降控制是工程设计的重点。往往需控制加载速率，分层加载施工，以保证施工安全。

（3）海堤工程是抵抗潮浪作用的屏障，台风暴潮频繁，波浪打击力大，必须有足够的抗击波浪稳定性。设计波浪分析和取值对工程造价影响大。

（4）滩涂面受洪水、潮流和波浪作用的情况随季节变化，尤其在钱塘江河口地区，海堤工程必须抓住时机，适时圈围，这是工程成败的关键。

（5）海堤工程主要采用当地建筑材料，土石方的开采对工程造价影响较大。海堤工设计需十分重视料场的选择，充分估计料场的储量、质量和开采强度能否满足施工要求。

五、海堤工程设计的相关要素

海堤工程设计的相关要素有气象与水文、社会经济、工程地形、工程地质等。这些要素调查结果直接影响后期海堤工程设计及施工，所以在海堤工程设计前必须进行细致的调查、收集、测量和必要勘探工作，取得翔实的相关材料。

（一）气象与水文

天气和海洋与人类活动有非常密切的关系。海洋灾害除海啸和天文大潮外，往往都由气象原因引起，例如造成严重灾害的海洋风暴潮主要由大气中低压系统如台风所引起。

气象与水文资料主要包括气温、风况、降水、水位、流量、流速、泥沙、潮汐、波浪和冰情等。

（1）潮汐。潮汐是指海面在周期性天体引潮力作用下产生的周期性升降运动。即地球上的海水或江水，受到太阳、月球的引力以及地球自转的影响，在每天早晚会各有一次水位的涨落，早称之为潮，晚称之为汐。潮汐的涨退现象是因时因地而异的，但从涨退周期来说，可分为半日潮、全日潮和混合潮。

1）半日潮。在一个太阴日（24h50min）内出现两次高潮和两次低潮，其潮高和历时都几乎相同，潮位时间曲线为对称的余弦曲线。

2）全日潮。一个太阴月中的大多数太阴日，出现一次高潮和一次低潮。潮位曲线为对称的余弦曲线。

3）混合潮。有不规则半日潮和不规则全日潮两种情况。

（2）潮差。在一个潮汐周期内，相邻高潮位与低潮位间的差值称为潮差，又称潮幅。潮差大小受引潮力、地形和其他条件的影响，随时间和地点不同而不同。中国沿海潮差分布的趋势是东海沿岸最大，渤海、黄海次之，南海最小。

（3）潮位。受潮汐影响周期性涨落的水位称潮位，又称潮水位，中国通常以黄海平均海平面作为水位高程的零点。

（4）海浪。海浪一般是风浪、涌浪以及涌浪传播到海岸所引起的近岸波的总称。波浪运动的实质是水质点周期振动引起的水面起伏现象。

另外，还需要收集与工程有关的河口或海岸地区的水系、水域分布、河口或岸滩演变和冲淤变化等气象与水文资料。

（二）社会经济资料

社会经济资料是指海堤防护区及海堤工程区的社会经济资料。

海堤防护区社会经济资料主要包括面积、人口、耕地、城镇分布等社会概况，农林、水产养殖、工矿企业、交通、能源、通信等行业的规模、资产、产值等国民经济概况，生态环境状况，历史潮（洪）灾害情况等。

海堤工程区的社会经济资料包括土地面积、耕地面积、人口、房屋、固定资产等，农林、水产养殖、工矿企业、交通通信等设施，文物古迹、旅游设施等。

（三）工程地形

1~3级海堤工程各设计阶段的地形测量资料比例尺、图幅范围及断面间距应满足海堤设计规范的要求，见表 4-1。

表 4-1　　　　　　　　　　海堤工程各设计阶段的测图要求

图别	建筑物类别	设计阶段	比例尺	图幅范围及断面间距	备　注
地形图	海堤穿（跨）堤建筑物	规划	1:10000～1:50000	横向自堤中心线向两侧带状展开 100～300m，纵向应闭合至自然高地或已建海堤、路、渠堤	砂基及双层地基背海侧应当加宽，以涵盖压、盖重范围。如临海侧为侵蚀性滩岸，应扩至深泓或侵蚀线外
		可行性研究、初步设计	1:1000～1:10000		
纵断面图	海堤		1:200～1:500	包括建筑物进出口及两侧连接范围	初步设计宜取大比例尺
			竖向 1:100～1:200		初步设计宜取大比例尺。堤线长度超过 100km 时，横向比例尺可采用 1:10000～1:50000
横断面图	海堤		横向 1:1000～1:10000		
			竖向 1:100	新建海堤每 100～200m 测一断面，测宽 200～600m。加固海堤每 50～100m 测一断面，测宽 200～600m	初步设计断面间隔宜取下限。曲线段断面间距宜缩小。横断面宽度超过 500m 时，横向比例尺可采用 1:2000。老堤加固横向比例尺亦可采用 1:200
			横向 1:500～1:1000		

注　加固、改建和扩建海堤工程还应同时提供堤顶和临海、背海侧堤脚线的纵断面图。

（四）工程地质

海堤工程设计的工程地质及筑堤材料资料应符合《堤防工程地质勘察规程》（SL 188—2005）的规定，并应满足设计对地质勘查的要求。

工程地质资料包括土层分层、含水量、容重、抗剪强度、孔隙比-土体压力曲线、承载力、桩周摩阻力等。

海堤工程设计应充分利用已有的海堤工程及堤线上其他工程的地质勘察资料，并应收集险工堤段的历史和现状险情资料，查清历史溃口堤段的范围、地层和堵口材料等情况。

新建海堤及无地质资料的旧堤加固、改建和扩建工程应进行工程地质勘察。对于已有地质资料但不能满足《堤防工程地质勘察规程》（SL 188—2005）要求的旧堤加固、改建和扩建工程，还应对其进行补充勘察。

软土堤基上的旧堤加固工程，应查明旧堤的填筑材料和填筑时间等情况。

第四节　水　　　闸

水闸是一种具有挡水和泄水双重作用的低水头水工建筑物。它通过闸门的启闭来控制水位和调节流量，在防洪、灌溉、排水、航运和发电等水利工程中应用十分广泛。

一、水闸的类型

（一）按水闸所承担的任务分类

（1）节制闸（或拦河闸）。拦河或在渠道上建造。枯水期用以拦截河道，抬高水位，以利上游取水或航运要求;洪水期则开闸泄洪,控制下泄流量。灌溉渠系中的节制闸一般建于干、支、斗渠分水口的下游。位于河道上的节制闸称为拦河闸。

(2)进水闸。建在河道、水库或湖泊的岸边,用来控制引水流量,以满足灌溉、发电或供水的需要。进水闸又称取水闸或渠首闸。

(3)分洪闸。常建于河道的一侧,用来将超过下游河道安全泄量的洪水泄入预定的湖泊、洼地,以削减洪峰,保证下游河道的安全。

(4)排水闸。常建于江河沿岸,外河水位上涨时关闸以防外水倒灌,外河水位下降时开闸排水,排除两岸低洼地区的涝渍。该闸具有双向挡水、双向过流的特点,闸底板高程较低。

(5)挡潮闸。建在入海河口附近,涨潮时关闸不使海水沿河上溯,退潮时开闸泄水。挡潮闸具有双向挡水的特点,操作频繁。

(6)排沙闸(冲沙闸)。多建在多泥沙河流上的引水枢纽或渠系中布置有节制闸的分水枢纽处及沉沙池的末端,用于排出泥沙;一般与节制闸并排布置。

上述各水闸的布置示意图如图4-19所示。

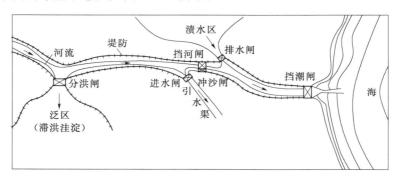

图4-19 水闸布置示意图

(二)按闸室结构形式分类

(1)开敞式水闸。闸室上面不填土封闭的水闸。一般有泄洪、排水、过木等要求时,多采用不带胸墙的开敞式水闸,如图4-20(a)所示,多用于拦河闸、排冰闸等;当上游水位变幅大,而下泄流量又有限制时,为避免闸门过高,常采用带胸墙的开敞式水闸,进水闸、排水闸、挡潮闸多用这种形式,如图4-20(b)所示。

(2)涵洞式水闸。闸(洞)身上面填土封闭的水闸,如图4-20(c)所示,又称封闭式水闸。涵洞式水闸常用于穿堤取水或排水的水闸。洞内水流可以是有压的或者是无压的。

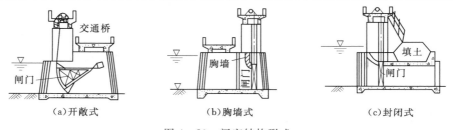

图4-20 闸室结构形式

二、水闸的组成

水闸一般由上游连接段、闸室段和下游连接段 3 部分组成，如图 4 - 21 所示。

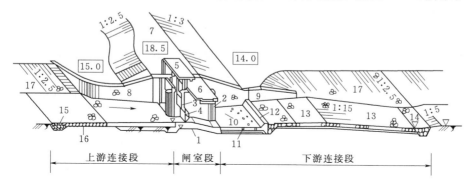

图 4 - 21 水闸的组成

1—闸室底板；2—闸墩；3—胸墙；4—闸门；5—工作桥；6—交通桥；7—堤顶；8—上游翼墙；
9—下游翼墙；10—护坦；11—排水孔；12—消力坎；13—海漫；14—下游防冲槽；
15—上游防冲槽；16—上游护底；17—上、下游护坡

（一）上游连接段

上游连接段主要作用是引导水流平顺地进入闸室，同时起防冲、防渗、挡土等作用。一般包括上游翼墙、铺盖、护底、两岸护坡及上游防冲槽等。上游翼墙的作用是引导水流平顺地进入闸孔并起侧向防渗作用。铺盖主要起防渗作用，其表面应满足抗冲要求。护坡、护底和上游防冲槽（齿墙）是保护两岸土质、河床及铺盖头部不受冲刷。

（二）闸室段

闸室段是水闸的主体部分，通常包括底板、闸墩、闸门、胸墙、工作桥及交通桥等。底板是闸室的基础，承受闸室全部荷载，并较均匀地传给地基，此外，还有防冲、防渗等作用。闸墩的作用是分隔闸孔并支承闸门、工作桥等上部结构。闸门的作用是挡水和控制下泄水流。工作桥供安置启闭机和工作人员操作之用。交通桥的作用是连接两岸交通。

（三）下游连接段

下游连接段具有消能和扩散水流的作用。一般包括护坦、海漫、下游防冲槽、下游翼墙及护坡等。下游翼墙引导水流均匀扩散兼有防冲及侧向防渗等作用。护坦具有消能防冲作用。海漫的作用是进一步消除护坦出流的剩余动能、扩散水流、调整流速分布、防止河床受冲。下游防冲槽是海漫末端的防护设施，避免冲刷向上游扩展。

三、水闸的工作特点

水闸既能挡水，又能泄水，且多修建在软土地基上，与其他水工建筑物相比，在稳定、防渗、消能防冲及沉降等方面都有其自身的特点。

（1）稳定方面。水闸关门挡水时，在上、下游水头差作用下产生较大的水平推力，使闸室产生沿闸基面向下游滑动的趋势。为此，水闸必须具有足够的自重，以维持自身的稳定。

（2）防渗方面。由于上、下游水位差的作用，水将通过地基和两岸向下游渗流。渗流对闸室和两岸连接建筑物的稳定不利，不仅会引起水量损失，而且在渗流作用下，地基土容易产生渗透变形。严重时闸基和两岸的土壤会被淘空，危及水闸安全。因此，应进行有效的防渗排水设计。

（3）消能防冲方面。水闸开闸泄水时，过闸水流往往具有较大的动能，流态也较复杂，而土质河床的抗冲能力较低，可能引起河床的冲刷。此外，水闸下游常出现波状水跃（图4-22）和折冲水流（图4-23），会进一步加剧对河床和两岸的淘刷。因此，在设计水闸时，除应保证闸室具有足够的过水能力外，还必须采取有效的消能防冲措施，以防止对河道产生有害的冲刷。

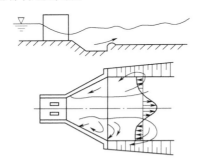
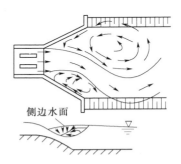

图4-22　波状水跃示意图　　　　图4-23　闸下折冲水流

（4）沉降方面。土基上建闸，由于土基具有松散性特点，抗剪强度低，压缩性大且受力分布不均匀，在闸室的自重和外部荷载作用下，可能产生较大的沉降而影响水闸正常使用，尤其是不均匀沉降会导致水闸倾斜，甚至断裂。因此，必须合理地选择闸型、构造，安排好施工程序，采取必要的地基处理等措施，以减少过大的地基沉降和不均匀沉降。

四、闸室结构

（一）底板形式

常用的底板形式有宽顶堰和低实用堰两种，如图4-24所示。

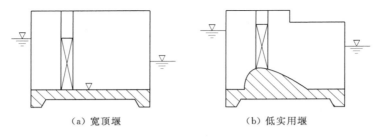

（a）宽顶堰　　　　　　　　　　（b）低实用堰

图4-24　底板形式

宽顶堰是水闸中常用的一种底板形式，它有利于泄洪、冲沙、排冰、通航、双向过水等，结构简单，施工方便，泄流能力比较稳定等优点；其缺点是自由泄流时流量系数较小，闸后易产生波状水跃。

低实用堰的优点是自由泄流时流量系数较大，闸后不易产生波状水跃，有利于拦沙；其缺点是结构较复杂，施工不太方便，泄流能力受尾水影响大，淹没水深 $h_s > 0.6H$ 时，泄流能力将急剧下降，当上游水位较高，为限制过闸单宽流量，需抬高堰顶高程时，常采用实用堰底板。

（二）闸墩

闸墩的作用是分隔闸孔，支承闸门和闸室的上部结构。闸墩的外形轮廓应满足过闸水流平顺、侧向收缩小，过流能力大的要求。上游墩头可采用半圆形或尖角形，下游墩尾宜采用流线形，小型水闸墩尾也有做成矩形的。

闸墩结构一般宜采用实体式，材料常用混凝土、少筋混凝土或浆砌块石。

平面闸门的门槽尺寸应根据闸门的尺寸确定。弧形闸门的闸墩不需设工作门槽。门槽位置一般在闸墩的中部偏高水位一侧，有时为利用水重增加闸室稳定，也可把门槽设在闸墩中部偏低水位一侧。

（三）胸墙

当水闸挡水高度较大时，可设置胸墙来代替部分闸门挡水，从而可减小闸门高度。胸墙顶部高程与闸墩顶部高程齐平；胸墙底高程应根据孔口泄流量要求计算确定，以不影响泄水为原则。

胸墙相对于闸门的位置取决于闸门的形式。对于弧形闸门，胸墙位于闸门的上游侧。对于平面闸门，胸墙可设在闸门上游侧［图 4-25 (a)］，也可设在下游侧［图 4-25 (b)］，后者止水结构复杂，易磨损，但有利于闸门启闭，钢丝绳也不易锈蚀。

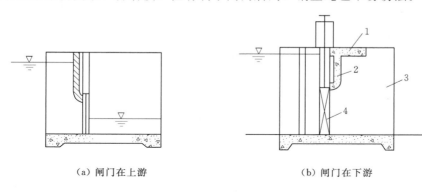

（a）闸门在上游　　　　　　　　　（b）闸门在下游

图 4-25　胸墙结构布置
1—工作桥；2—胸墙；3—闸墩；4—闸门

（四）闸门

闸门按其工作性质的不同，可分为工作闸门、事故闸门和检修闸门等。工作闸门又称主闸门，是水工建筑物正常运行情况下使用的闸门。事故闸门是在水工建筑物或机械设备出现事故时，在动水中快速关闭孔口的闸门，又称快速闸门。事故排除后充水平压，在静水中开启。检修闸门用以临时挡水，一般在静水中启闭，可根据设计任务书的要求具体设置。一般水闸多采用工作闸门和检修闸门。

闸门按门体的材料可分为钢闸门、钢筋混凝土或钢丝网水泥闸门、木闸门及铸铁闸门等。钢闸门门体较轻，一般用于大、中型水闸。钢筋混凝土或钢丝网水泥闸门可以节省钢材，不需除锈但前者较笨重，启闭设备容量大；后者容易剥蚀，耐久性差，一般用于渠系小型水闸。铸铁门抗锈蚀、抗磨性能好、止水效果也好，但由于材料抗弯强度较低，性能又脆，故仅在低水头、小孔径水闸中使用。木闸门耐久性差，已日趋不用。

闸门按其结构可分为平面闸门、弧形闸门等。弧形闸门与平面闸门比较，其主要优点是启门力小，可以封闭大面积的孔口；无影响水流态的门槽，闸墩厚度较薄，机架桥的高度较低，埋件少。它的缺点是需要的闸墩较长；不能提出孔口以外进行检修维护，也不能在孔口之间互换；总水压力集中于支铰处，闸墩受力复杂。具体可根据设计要求选择闸门形式。

（五）启闭机

启闭机是一种专门用来启闭水工建筑物中的闸门用的起重机械，是一种循环间隔调运机械。特点如下：荷载变化大；启闭速度低；工作级别一般要求较低，但要求绝对可靠；双吊点要求同步；要适应闸门运行的特殊要求。

启闭机的类型有多种，按机构特征有固定卷扬式启闭机、油压式启闭机等，按传动形式有机械传动的、液压传动的。机械传动的启闭机按布置形式分为固定式和移动式两种，液压传动的启闭机一般只有固定式。

1. 固定式启闭机

通常一台固定式启闭机只用于操作一扇闸门，启闭机只设置一个起升机构，不必配置水平运动机构。固定式启闭机根据机械传动类型的不同有卷扬式、螺杆式、链式和连杆式，后两种应用较少。

固定卷扬式启闭机广泛用于平面闸门和弧形闸门。一般在 400kN 以下时可同时设置手摇机构。固定卷扬式启闭机主要用于靠自重、水重或其他加重方式关闭孔口的闸门和要求在短时间内全部开启的闸门。另外，可增设飞摆调速器装置，闭门速度较快，用于快速启闭事故闸门。

卷扬式弧门启闭机主要用于操作露顶式弧形闸门。

在实际工程中，固定卷扬式启闭机容量及扬程较大的有：天生桥一级水电站放空洞事故闸门启闭机，容量为 $2 \times 4000kN$，扬程 125m；小浪底水利枢纽工程的 $1 \times 5000kN$ 启闭机，扬程 90m。

螺杆式启闭机主要用于需要下压力的闸门上。大型的螺杆式启闭机多用于操作深孔闸门，但需设置可摆动的支承或设置导轨、滑板及铰接吊杆与闸门连接。小型的螺杆式启闭机一般多用于手摇、电动两用，这时可选用简便、廉价的单吊点螺杆式启闭机，螺杆与闸门连接，用机械或人力转动主机，迫使螺杆连同闸门上下移动。

螺杆式启闭机的闭门力受其行程的限制，并且启闭力不能太大，速度较低。

2. 移动式启闭机

可实行一机多门的操作方式。移动式启闭机包括起升机构（多用卷扬机）和水平移动的运行机构，按照机架的结构形式和工作范围的不同可分为台车式、单向门式和双向门式。

移动式启闭机多用于操作多孔共用的检修闸门，它的形式选择应根据建筑物的布置、闸门的运行要求及启闭机的技术经济指标等因素确定，布置时需注意在其行程范围内与其他建筑物的关系。

3. 液压启闭机

液压启闭机按照液压缸的作用力分为单作用式、双作用式。

液压启闭机启闭力可以很大，但扬程却受加工设备的限制。双向作用的油压启闭机多用于操作潜孔平面闸门和潜孔弧门。用于操作潜孔弧门时，需要设置可转动支座或设置导轨及滑块、铰接吊杆与闸门连接。

（六）上部结构

1. 工作桥

工作桥是供设置启闭机和管理人员操作时使用，如图4-26所示。当桥面很高时，可在闸墩上部设排架支承工作桥。工作桥的高度要保证闸门开启后不影响泄放最大流量，并考虑闸门的安装及检修吊出需要。工作桥的位置尽量靠近闸门上游侧，为了安装、启闭、检修方便，应设置在工作闸门的正上方。

2. 检修桥

为了放置及提升检修闸门，观测上游水流情况。常采用的型式为预制钢筋混凝土"T"形梁和预制板组成。

3. 交通桥

交通桥的位置应根据闸室稳定及连接两岸交通等条件确定，通常布置在闸室下游低水位一侧。仅供人、畜通行的交通桥，其宽度常不小于3m；行驶汽车等的交通桥，一般公路单车道净宽4.5m，双车道7～9m。交通桥可采用板式、板梁式和拱式，中、小型工程可使用定型设计。

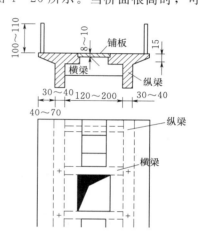

图4-26　工作桥（单位：cm）

（七）分缝与止水

1. 分缝方式及布置

水闸沿轴线（垂直水流方向）每隔一定距离必须分缝，以免闸室因地基不均匀沉降及温度变化而产生裂缝。岩基上的缝距一般不宜超过20m，土基上的缝距一般不宜超过30m，缝宽为2～3cm。

整体式底板闸室的沉降缝，一般设在闸墩中间，一孔、二孔或三孔一联，成为独立单元，其优点是保证在不均匀沉降时闸孔不变形，闸门仍然正常工作。靠近岸边时，为了减轻墙后填土对闸室的不利影响，特别是在地质条件较差时，最多一孔一缝或两孔一缝，而后再接二孔或三孔的闸室，如图4-27（a）所示。如果地基条件较好，也可以将缝设在底板中间，如图4-27（b）所示，这样不仅减小闸墩厚度和水闸总宽，也可改善底板受力条件，但地基不均匀沉降可能影响闸门工作。

在分离式底板中，闸墩与底板之间设缝分开，以适应地基的不均匀沉降。

土基上的水闸，不仅闸室本身分缝，凡相邻结构荷重相差悬殊或结构较长、面积较大的地方，都要设缝分开。例如，铺盖、护坦与底板、翼墙连接处都应设缝；翼墙、混凝土铺盖及消力池底板本身也需分段、分块（图4-28）。

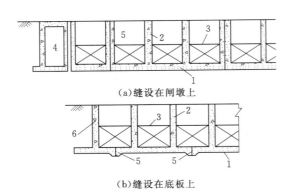

(a) 缝设在闸墩上

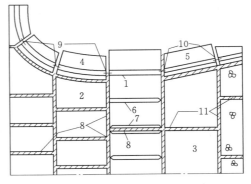

(b) 缝设在底板上

图 4-27 闸底板分缝

1—底板；2—闸墩；3—闸门；4—岸墙；
5—沉降缝；6—边墩

图 4-28 水闸分缝布置图

1—边墩；2—混凝土铺盖；3—消力池；4—上游翼墙；
5—下游翼墙；6—中墩；7—缝墩；8—沥青油毛毡
嵌紫铜片；9—垂直止水甲；10—垂直止水乙；
11—沥青油毛毡止水

2. 止水

凡具有防渗要求的缝，都应设止水。止水分铅直止水和水平止水两种。前者设在闸墩中间、边墩与翼墙间及上游翼墙本身；后者设在铺盖、消力池与底板和翼墙、底板与闸墩间以及混凝土铺盖及消力池本身的温度沉降缝内。

五、水闸的消能防冲设施

水闸底流式消能防冲设施一般由消力池、海漫和防冲槽等部分组成。

(一) 消力池

消力池分为下挖式、突槛式和综合式 3 种形式，如图 4-29 所示。

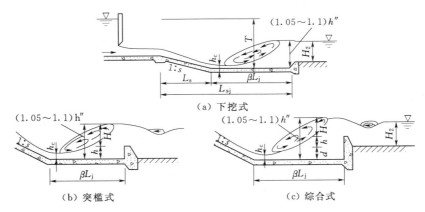

(a) 下挖式

(b) 突槛式

(c) 综合式

图 4-29 消力池形式示意图

为了提高消力池的消能效果，除尾槛外，还可设置消力墩、消力齿等辅助消能工，以加强紊动扩散，减小跃后水深，缩短水跃长度，稳定水跃和达到提高水跃消能效果的目的。

（二）海漫

水流经过消力池，虽已消除了大部分多余能量，但仍留有一定的剩余动能，特别是流速分布不均，脉动仍较剧烈，具有一定的冲刷能力。因此，护坦后仍需设置海漫等防冲加固设施，以使水流均匀扩散，并将流速分布逐步调整到接近天然河道的水流形态。海漫示意图如图4-30所示。

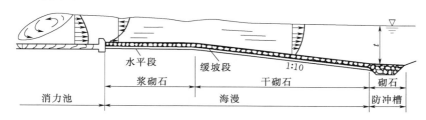

图4-30　海漫示意图

（三）防冲槽

水流经过海漫后，尽管多余能量得到了进一步消除，流速分布接近河床水流的正常状态，但在海漫末端仍有冲刷现象。为保证安全和节省工程量，常在海漫末端设置防冲槽或采取其他加固措施，防冲槽示意图如图4-31所示。

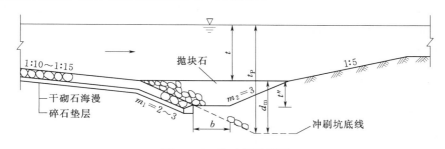

图4-31　防冲槽示意图

在海漫末端挖槽抛石，预留足够的石块，当水流冲刷河床形成冲坑时，预留在槽内的石块沿斜坡陆续滚下，铺在冲坑的上游斜坡上，防止冲刷坑向上游扩展，保护海漫安全。

六、水闸的防渗与排水设施

（一）防渗设施

1. 铺盖

铺盖是水平防渗设施，主要用来延长渗径，应具有相对的不透水性；为适应地基变形，也要有一定的柔性。铺盖常用黏土、黏壤土或沥青混凝土做成，有时也可用钢筋混凝土作为铺盖材料以及水平防渗土工膜等，如图4-32所示。

2. 板桩

板桩为垂直防渗措施，适用于砂性土地基，一般设在闸底板上游端或铺盖前端，用于降低渗透压力，防止闸基土液化。

3. 齿墙

闸底板的上、下游端一般都设有齿墙，它有利于抗滑稳定，并可延长渗径。

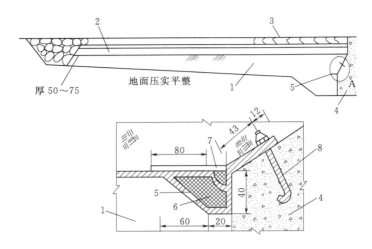

图 4-32　黏土铺盖（单位：cm）

1—黏土铺盖；2—垫层；3—浆砌块石保护层（或混凝土板）；4—闸室底板；

5—沥青麻袋；6—沥青填料；7—木盖板；8—斜面上螺栓

（二）排水设施

为了降低闸下水头，减少基底扬压力，需在水闸下游侧的地基上设置排水设施，包括排水孔、排水井、反滤层、垫层等，将闸基渗水安全地排到下游，以增加水闸稳定性。排水设施要有良好的透水性，同时防止地基土产生渗透变形。

七、两岸连接建筑物

水闸与河岸或堤、坝等连接时，必须设置连接建筑物，包括上、下游翼墙和边墩（或边墩和岸墙），有时还设有防渗刺墙。连接建筑物的主要作用是挡两侧填土，免遭水流冲刷；防止与其相连的岸坡或土坝产生渗透变形；控制通过闸身两侧的渗流。上游翼墙主要用于引导水流平顺进闸，下游翼墙使出闸水流均匀扩散。

（一）两岸连接建筑物的布置形式

1. 闸室与河岸的连接

闸室边孔常通过边墩和两岸连接，这种情况边墩就是岸墙，如图 4-33（a）～（d）所示。如果边墩与岸墙分开时，边墩为闸室的一部分，而岸墙则为连接建筑物的一部分，如图 4-33（e）～（h）所示。

2. 上、下游翼墙的布置

翼墙的布置形式一般有以下几种：

（1）反翼墙，如图 4-34 所示。防渗效果和水流条件均较好，但工程量较大。

（2）圆弧式翼墙，如图 4-35 所示。优点是水流条件好；缺点是模板用量大，施工复杂。

（3）扭曲面翼墙，如图 4-36 所示。水流条件好，并且工程量小，但施工较复杂。在渠系工程中广泛应用。

（4）斜降式翼墙，如图 4-37 所示。优点为工程量省，施工简单；缺点为防渗条件差，泄流时闸孔附近易产生立轴漩涡，冲刷河岸或坝坡。

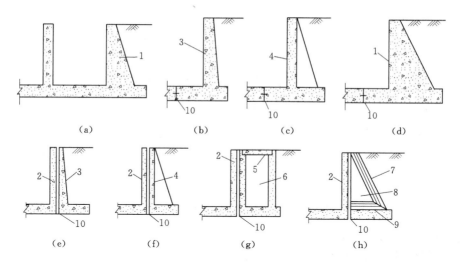

图 4-33 闸室与两岸或土坡的连接

1—重力式边墩；2—边墩；3—悬臂式边墩或岸墙；4—扶壁式边墩或岸墙；5—顶板；
6—空箱式岸墙；7—连拱板；8—连拱式空箱支墩；9—连拱底板；10—沉降缝

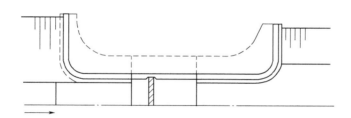

图 4-34 反翼墙

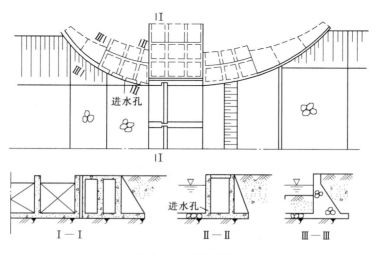

图 4-35 圆弧式翼墙

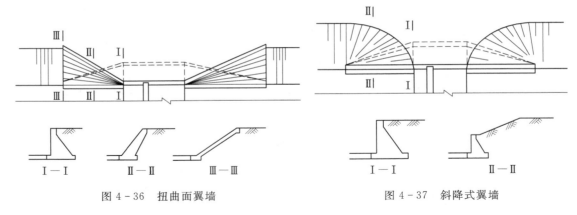

图 4-36　扭曲面翼墙　　　　　　　　图 4-37　斜降式翼墙

（二）两岸连接建筑物的结构形式

两岸连接建筑物从结构上分析属于挡土墙，常用的有重力式、悬臂式、扶壁式、空箱式及连拱式等。

1. 重力式挡土墙

重力式挡土墙常用混凝土和浆砌石建造，主要依靠自身的重力维持稳定，如图 4-38 所示。

2. 悬臂式挡土墙

悬臂式挡土墙是由直墙和底板组成的一种钢筋混凝土轻型挡土结构，如图 4-39 所示。

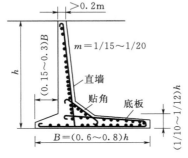
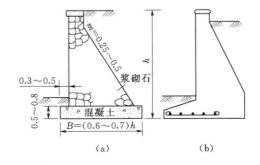

图 4-38　重力式挡土墙（单位：m）　　图 4-39　悬臂式挡土墙剖面图（单位：m）

3. 扶壁式挡土墙

当墙的高度超过 9～10m 以后，采用钢筋混凝土扶壁式挡土墙较为经济。扶壁式挡土墙由直墙、底板及扶壁 3 个部分组成，如图 4-40 所示。

4. 空箱式挡土墙

空箱式挡土墙由底板、前墙、后墙、扶壁、顶板和隔板等组成，如图 4-41 所示。

5. 连拱式挡土墙

连拱式挡土墙也是空箱式挡土墙的一种，它由底板、前墙、隔墙和拱圈组成，如图 4-42 所示。

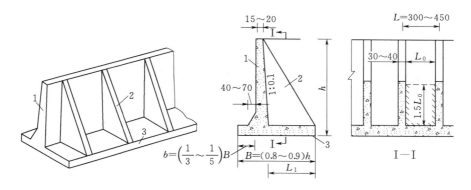

图 4-40 扶壁式挡土墙（单位：cm）

1—立墙；2—扶壁；3—底板

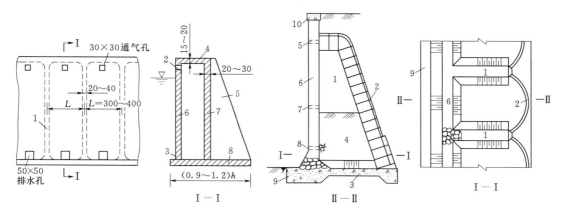

图 4-41 空箱式挡土墙（单位：cm）

1—隔墙；2—通气孔；3—排水孔；4—顶板；

5—扶壁墙；6—前墙；7—后墙；8—底板

图 4-42 连拱式挡土墙

1—隔墙；2—预制混凝土拱圈；3—底板；4—填土；

5—通气孔；6—前墙；7—进水孔；8—排水孔；

9—前趾；10—盖顶

第五节　排　涝　泵　站

泵站工程是利用机电提水设备增加水流能量，通过配套建筑物将水由低处提升至高处，以满足兴利除害要求的综合性系统工程。泵站作为水的唯一人工动力来源，是水利工程的重要组成部分，是保护和发展粮食生产的关键，在解决洪涝灾害、干旱缺水、水环境恶化当今三大水资源问题中起着其他水利工程不可替代的作用，承担着区域性的防洪、除涝、灌溉、调水和供水的重任，在我国国民经济可持续发展和全面服务于小康社会的建设中，占有非常重要的地位。

一、泵站工程的组成和分类

泵站工程是由抽水装置、进出水建筑物、泵房及输配电系统等组成的多功能、多目标的综合水利枢纽，是机电排灌工程的核心，也是水利工程的重要组成部分，广泛应用于农业、工业、城镇供排水及跨流域调水等诸多领域。

（一）泵站工程的组成

泵站工程通常由机电设备及为其配套的建筑物组成，如图4-43所示，具体组成如下：

（1）进水建筑物：取水闸、引渠、前池、进水池、进水流道。

（2）抽水装置：水泵、动力机、传动装置、进出水管道及阀件。

（3）泵房：主厂房、副厂房。

（4）出水建筑物：出水流道、出水池、出水渠。

（5）其他建筑物：变电站、交通建筑物、生活、工作用房等。

（6）电气设备：变电、配电和用电设备等。

（7）辅助设备：充水、供水、排水、通风、供油、起重和防火等。

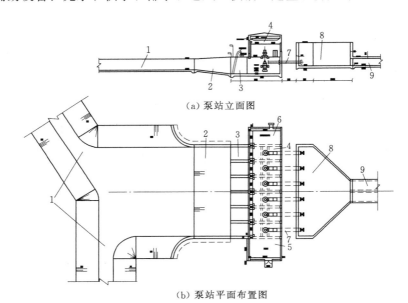

（a）泵站立面图

（b）泵站平面布置图

图4-43　泵站工程布置图

1—引渠；2—前池；3—进水池；4—泵房；5—检修间；6—配电间；

7—出水管道；8—出水池；9—出水箱涵

（二）泵站工程的分类

泵站工程根据其用途、规模、泵型及动力类型，有不同的分类方法。

（1）按其用途可分为：灌溉泵站、排水（排涝、排渍）泵站、灌排结合泵站、供水泵站、调水泵站等。

（2）按泵站的提水高度可分为：高扬程泵站、中等扬程泵站、低扬程泵站。

（3）按泵站规模可分为：大型泵站、中型泵站、小型泵站。

（4）按水泵的配套动力类型可分为：电力泵站、热能泵站、水能泵站、风力泵站和太阳能泵站。

（5）按其主泵类型可分为：轴流泵站、混流泵站、离心泵站、潜水泵站等。

二、泵站工程在防洪排涝及水资源调配方面的作用

（一）排涝方面

用于在汛期排除圩区内和城市范围的洪水、涝水、渍水，防止作物受渍涝灾害和城区内涝。泵站工程的排涝效益以平原湖区最为显著，如湖北的江汉平原、广东的珠江三角洲、东北的三江平原、浙江的杭嘉湖地区以及洞庭湖、鄱阳湖、太湖、巢湖的周边地区。泵站建设使许多地方都成了重镇，成了交通枢纽和当地的政治、经济和文化中心。随着我国城镇化的发展速度加快，这些地方的人口和资产密度不断增大，泵站的减灾效益也越来越明显。如浙江三堡排涝工程，于 2015 年建成投入使用，泵站设 4 台斜 30°卧式轴流泵，排涝设计流量为 200m³/s，如遇百年一遇洪水，可增加太湖流域南排水量 1.84 亿 m³，降低杭州城区京杭大运河拱宸桥水位 42cm，高水位持续时间减少 46h，工程建成后，完善了太湖流域"南排杭州湾"流域防洪格局，缓解太湖防洪压力，提高流域防洪减灾能力，提高杭州城市防洪排涝能力。

（二）城市给排水方面

水泵站是城市给水和排水工程中的重要组成部分，通常是给排水系统的枢纽。城镇给水系统中水泵站主要有取水泵站、二级泵站和加压泵站，城镇排水系统中水泵站主要有污水泵站和雨水泵站，主要起加压作用。城镇给水系统中除了水泵站外，还有反应池、沉淀池、过滤池等构筑物，但这些都需要水泵把水提升到一定高度后才能运行。水泵站直接关系到城镇工农业生产和居民的日常生活，与老百姓的利益息息相关，也是民生工程的重要内容。由此可以看出水泵站是市政给排水系统的核心，对城市给排水的正常运行起着非常关键的作用。

（三）水资源调配方面

由于水资源分布不平衡，部分地区缺水严重，需要利用梯级泵站和水库、天然湖泊、江河等构成跨流域调水工程，解决水资源时空分布不均造成的区域缺水问题。在跨流域调水工程中水泵站起着核心作用，水的流动都需要依靠水泵进行加压后才能输水。我国跨流域调水工程项目较多，其中最引人注目的是南水北调工程、引黄工程、引滦入津调水工程等。

我国南涝北旱，其中，黄淮海流域水资源总量仅占全国的 7.2%，人均水资源量为 462m³，为全国人均的 1/5，是我国水资源承载能力与经济社会发展最不适应的地区，资源性缺水严重。南水北调工程分东线、中线、西线 3 条调水线，通过 3 条调水线路与长江、黄河、淮河和海河四大江河的联系，可逐步构成以"四横三纵"为主体的总体布局，基本可覆盖黄淮海流域、胶东地区和西北内陆河部分地区，形成我国水资源南北调配、东西互济的合理配置格局，是缓解我国北方水资源严重短缺局面的重大战略性工程。南水北调工程通过跨流域的水资源合理配置，大大缓解了我国北方水资源严重短缺问题，促进了南北方经济、社会与人口、资源、环境的协调发展。

复 习 思 考 题

1. 水库有哪些特征水位及相对应的库容？并画出水位及相应库容的示意图。
2. 重力坝的工作原理是什么？
3. 土石坝工程面临的主要问题是哪些？
4. 拱坝的特点是什么？
5. 河岸式溢洪道的类型有哪些？
6. 水闸中上游连接段的主要作用是什么？
7. 水闸的防渗设施有哪些？
8. 泵站工程由哪些部分组成？

第五章 台风防御典型案例

学习任务：

（1）学习我国防御台风的典型案例。

（2）了解和掌握基层水利人员面对台风前、中、后各个不同阶段应该做的各项工作及重点。

（3）吸取以往的经验和教训，为可能发生的台风灾害做好充分的防御准备。

第一节 历年强台风盘点

近年来，光顾我国东南沿海地区的台风来势汹涌，超强台风频繁出现。

2005年的9号强台风"麦莎"，给我国华东地区造成重大损失，40万人被迫撤离，上海地铁停运；仅浙江省直接经济损失就达65亿元（其中宁波市损失27亿元），江苏省发生狂风暴雨天气，经济损失达12亿元。

2007年9月20日，强台风"韦帕"在浙闽交界处登陆，次日又加强为超强台风。"韦帕"登陆北上经过上海，全市普遍出现暴雨，局部大暴雨。浙江、福建、上海、江苏等省（直辖市）积极应对台风"韦帕"，紧急转移安置268.8万人。

2009年的第8号台风"莫拉克"在台湾、福建、浙江、江西造成巨大损失，遇难人数600人以上，8000余人被困，造成台湾地区数百亿元台币损失，大陆地区损失近百亿元人民币。同年，17号超强台风"芭玛"造成菲律宾重大人员伤亡和财产损失，台湾降水量打破全年纪录，给海南、广西等省（自治区）造成严重洪涝灾害，经济损失惨重，死亡441人。

2010年的第11号超强台风"凡亚比"在我国东南部及台湾地区总共造成101人死亡，41人失踪。因灾伤病328人，紧急转移安置12.9万人，直接经济损失51.5亿元人民币。

2012年6月16日台风"泰利"产生，18日增强为强热带风暴。台风造成越南及中国的福建、海南、广东、台湾等地大规模强降雨天气。16日，海南省气象局发布台风蓝色预警；广东省启动气象灾害（台风）Ⅲ级响应；国家防总启动防台风应急响应。

2013年10月7日，第23号强台风"菲特"产生，给浙江带来大范围持续降雨。尤以宁波余姚市受灾最为严重，城区几乎都被"洪水围困"，严重受淹时间持续7～10天，道路积水严重，市民的工作生活受到严重影响。

此外，国外许多国家均遭遇台风危害，如2012年的飓风"桑迪"，给美国等国家造成大量财产损失和人员伤亡。

第二节 台风"莫拉克"

一、灾情概况

2009年第8号台风"莫拉克"8月4日凌晨在太平洋西北洋面上生成后，强度不断加强，路径复杂多变，先后袭击了我国东南部多个省市，台湾、福建和浙江等地区以及周边海域的阵风有12～15级，台湾台东县兰屿的风力达17级以上。

台湾南部遭遇了50多年来最强的一次降水天气过程，全岛过程雨量普遍达500～1500mm，其中嘉义县阿里山的总雨量达3000mm。如此强的罕见特大暴雨导致台湾中南部地区洪水、泥石流等灾害泛滥，造成极其严重的人员伤亡和财产损失。台风登陆期间恰逢天文大潮，福建、浙江等地的沿海地区风大浪高，潮位高涨，多个县市的海堤均出现险情。以上区域还普降暴雨到特大暴雨，其中福建东北部和浙江东南部的累积雨量达500～800mm，浙江泰顺县九峰乡的过程雨量超过1200mm。

二、原因分析

造成"莫拉克"强大破坏力的主要原因有以下几个。

（1）环流条件。8月4日，"莫拉克"产生于副热带高气压带（简称为"副高带"）西侧，受西北西方向气流引导，向西北方向移动。随后，黄海上空弱脊东移，副热带高气压（简称为"副高压"）加强，从块状逐渐演变成东西向带状形式，"莫拉克"便从副高带西侧调整为副高带南侧，受偏东气流引导，台风"莫拉克"转为偏西行，移动速度加快。7日上午开始，渤海上空小槽东移，副高压强度减弱，逐渐东退，副高压引导气流偏西分量减弱，偏北分量加强；同时，西太平洋上同时存在3个热带气旋，除了台风"莫拉克"之外，还同时存在热带风暴"天鹅"以及"艾涛"。由于3个热带气旋相互作用的效应，台风"莫拉克"的引导气流变得越来越弱，越来越不清楚，加之台湾岛地形的阻挡作用，在多种因素共同影响下，使得台风"莫拉克"移动方向复杂多变，移动速度极其缓慢。高空的引导气流偏弱以及洋面上存在3个台风相互牵制的效应是台风"莫拉克"移动速度缓慢、路径复杂多变的主要原因。

（2）水汽条件。充足的水汽输送是台风强度增强的一个重要原因，水汽输送通过影响台风的热力结构来影响台风强度，水汽凝结、潜热释放是台风获得能量维持的重要条件。登陆前，在水平方向上台风"莫拉克"的南部一直维持着水汽通量的大值中心，西南季风为其提供源源不断的潜热能源，同时副高南侧的偏东气流从海洋上输送大量水汽，使得台风强度维持，移动速度缓慢；在垂直方向上，暖洋面为水汽向上输送提供了非常有利的条件，积云对流释放出大量的潜热形成台风暖心，为台风提供主要能量来源。登陆后，虽然台风"莫拉克"在垂直方向上的水汽来源消失，但在对流层低层仍不断从海洋湿空气中获得水汽补充。从8月6日开始台风"莫拉克"中心的东部和南部维持着一条弧状强水汽通量辐合带，长轴呈西南—东北向。台风"莫拉克"期间水汽通量极值之大，维持时间之长，实属历史罕见。同时，台风"莫拉克"出现了低层辐合、高层辐散的配置，导致东南侧出现强烈的垂直上升运动，加之充沛的水汽输送，使得云系在这一侧强烈发展，并产生暴雨，为台风"莫拉克"的加强和维持及台湾南部的强降水提供了不稳定能量。

（3）山脉地形。台湾的山脉对台风"莫拉克"的暴雨增幅作用非常明显。台风"莫拉克"登陆前，台湾中央山脉以西地区，普遍有偏西强风，使得在暴风圈内的台湾，加上迎风坡效应形成的地形雨，降雨更为猛烈。"莫拉克"台风在岛内滞留期间，长时间维持12级风力，受中央山脉地形以及西南季风的影响，形成了"北部风强，南部雨大"的局面。台风进入台湾海峡后，"莫拉克"的强度虽有所减弱，但是台湾的地形雨和台风本身的暴风雨叠加却更为猛烈。据统计，8月6—10日的5天之内，台湾南部很多地方的雨量都超过了 1000mm，很多地方还超过 2000mm，在阿里山降雨量达 3004.5mm、屏东县三地门乡达 2908.5mm、高雄县桃源乡达 2820mm，相当于当地常年一年多的降雨量，使台湾遭受了 250 年一遇的洪灾。长时间持续强降雨，在台湾岛内造成了大量的泥石流、堰塞湖、崩塌、滑坡、山洪等山地灾害。这些灾害不仅直接造成严重损失，还堵断了进入灾区的道路，严重阻碍了救援人员和救援物资的进入，极剧增大了救援难度，严重延缓了救援进度，进一步加重了灾害。

三、启示与建议

从台风"莫拉克"灾后台湾地区应急措施中可以得到以下启示：
（1）政府必须高度重视台风灾害，建立一套完善的台风灾害危机管理体系。
（2）政府需凭借相关政策救助灾区民众和企业，以最快速度恢复灾区经济与灾民生活。
（3）台风灾害使灾区遭受经济损失，灾后重建工作还将耗费巨大的政府财力。

以台风"莫拉克"为鉴，建立台风灾害防御体系应从灾前防灾减灾体系、灾中危机管理体系以及灾后损失评估及赔偿体系 3 个环节入手，是需要考虑灾前、灾中和灾后 3 个维度的系统工程。

第三节　台风"菲特"

一、灾情概况

2013 年的台风"菲特"十分特别，强度不是特别大，不属于超强台风。但"菲特"的到来，导致浙江大面积持续强降雨，由台风引起的特大暴雨使得余姚城区发生严重内涝，损失巨大。

"菲特"于 10 月 7 日 1 时 15 分在浙闽交界处（福鼎沙埕镇）登陆，登陆时强度为强台风，而后继续向西偏北方向移动并持续减弱，于 10 月 7 日 9 时在福建省建瓯市境内减弱为热带低压，但残留云系长时间滞留，给浙江带来大范围持续降雨。

根据测算，"菲特"台风期间，姚江流域总产水 6.2 亿 m³，四明湖、梁辉、陆埠等水库拦蓄洪水 0.8 亿 m³，上虞、余姚排入杭州湾 1.5 亿 m³。但台风影响期间，正值天文大潮，位于宁波三江口的姚江大闸是姚江流域主要排水通道，需候潮排洪，且甬江受到奉化江洪水和鄞东南抢排的顶托影响，排水不畅，至 10 月 10 日上午姚江大闸排水 1.31 亿 m³

（前三日排水仅 0.8 亿 m³），尚有约 2.57 亿 m³ 涝水滞蓄在余姚城区境内，造成了严重内涝（图 5-1），且严重受淹时间持续 7～10 天。

图 5-1　余姚城区被洪水围困、道路积水严重

二、原因分析

这次台风导致的超强降雨，主要原因是余姚的地理位置特殊。余姚市位于浙江省东部，北濒杭州湾、南屏四明山、西连上虞市、东接宁波市，为宁绍平原的中心。余姚市地势南高北低，南部四明山山峦起伏，间有盆地、谷地，最高峰芦山乡青虎湾岗，海拔979m；中部姚江平原，有孤山残丘，点缀两岸；北部为滨海冲积平原。余姚地势呈现"北高南低，西高东低"的特性。

姚江流域洪水只有通过姚江排往甬江一条通道，且易受到潮水和奉化江洪水的顶托，排水不畅，洪涝不分。余姚城区地处姚江平原腹地，地势平坦，受南部四明山区洪水和西北部平原汇水的共同影响，处在流域的"锅底"，极易形成重灾。此外，姚江受高潮顶托，导致排水不畅。

余姚市地处东南沿海，遭受台风及热带风暴侵袭频繁，是造成流域大洪水的主要成因。1961—2013 年的 53 年间,流域三日平均雨量超过 200mm 的暴雨平均 8 年一次,流域三日平均雨量超过 150mm 的暴雨平均 3 年一次。台风"菲特"来临时,恰好与冷气流结合,形成了长历时、高强度的特大暴雨,造成严重的洪涝灾害。这次余姚市域内降雨强度达百年一遇,且降雨时间集中,三日雨量达 527mm,致使姚江水位持续处于高水位。受高潮顶托,姚江排水不畅。

三、对策建议

对于如何减轻姚江流域和余姚城区洪灾的途径,专家给出了如下建议:

(1) 研究增加姚江大闸的抢排流量、设置姚江排涝站增加向甬江排洪能力,以及开辟排洪新通道,尽可能地将上游洪水排入杭州湾,减轻姚江压力。

(2) 修编《余姚市防汛防台应急预案》,完善应急防汛机制。

浙江省余姚市防洪排涝规划相对应的布局有:

(1) "南蓄"。根据《甬江流域综合规划》(1998 年),兴建西岙水库,工程集水面积 17.7km²,总库容 2430 万 m³,防洪库容 350 万 m³。

(2) "北排"。在对余姚市河道进行疏浚整治的基础上,在上姚江设置节制闸,导引上游洪水北排入杭州湾,北排骨干河道自通明闸至杭州湾,总长 38km,需拓浚河道 86km,新建大型排涝泵站 6 座,设计流量 700m³/s。

(3) "中疏"。对东排姚江干流及城区河道及水库下游河道实施堤防工程,主要加高加固骨干河道及水库下游河道长度 143km。

(4) "低围"。分级设防,城区分级设置 11 个大圩区,乡镇设置 2 个圩区,农村设置 6 个小圩区;保护面积 246km²,泵站规模 662m³/s,圩堤长度 65km,水闸长度 57m。

第四节 飓风"桑迪"

一、灾情概况

飓风"桑迪",是形成于大西洋洋面上的一级飓风。2012 年 10 月 24—26 日,飓风"桑迪"袭击了美国、古巴、多米尼加、牙买加、巴哈马、海地等国家,造成大量财产损失和人员伤亡。牙买加当地时间 2012 年 10 月 24 日下午,"桑迪"登陆加勒比海岛国牙买加,造成狂风暴雨;海地 44 人死亡,19 人失踪和 12 人受伤,"桑迪"掀起巨大海浪,洪水泛滥,成千上万居民被迫撤离家园,许多村庄和房屋被洪水淹没;至 2012 年 10 月 25 日,飓风造成古巴东部 11 人死亡及约 21.21 亿美元的重大经济损失;北京时间 2012 年 10 月 30 日上午 6 时 45 分,飓风"桑迪"在美国新泽西州登陆。据统计,飓风"桑迪"导致美国 113 人死亡,800 万多用户停电,联合国总部受损。

二、受灾情况

1. 牙买加

当地时间 2012 年 10 月 24 日下午,大西洋一级飓风"桑迪"登陆加勒比海岛国牙买加。"桑迪"给牙买加多地带来狂风暴雨，多地出现强降雨，持续风速达 125km/h。受此影响，牙买加多所学校停课，多个机场关闭。同时，为保障居民安全，牙买加多个城市实施宵禁，以防有人趁机抢劫。

2. 古巴

海地、古巴和巴哈马等国发布了热带风暴警报。当地时间 2012 年 10 月 27 日，"桑迪"袭击古巴。除导致 11 名古巴人丧生外，还给当地造成了 21.21 亿美元的经济损失，旅游业、糖业、建筑业和其他行业也遭受严重影响。

在这场飓风袭击中，灾情最严重的是古巴东部的圣地亚哥省、奥尔金省和关塔那摩省，中部的圣斯皮里图斯省和谢戈德阿维拉省也受到很大影响。此外，居民住房和农业损失最大，有 4200 多所住房被毁。

3. 海地

当地时间 2012 年 10 月 27 日，大西洋飓风"桑迪"袭击了这个加勒比岛国，造成 44 人死亡，19 人失踪和 12 人受伤。

4. 美国

2012 年 10 月 28—30 日，"桑迪"飓风横扫美国东海岸，使美国东部地区遭遇狂风暴雨、暴雪及洪水灾害，并引发了大量停电断水、通信中断事故和一些火灾和交通等方面的事故，导致 800 万居民无电力供应、113 人死亡，大量设施、房屋、建筑物被毁，数十万人无家可归，损失估计可能达到 500 亿美元。美国国家飓风中心发布声明称："强降雨引发了洪水和山体滑坡，引发伤亡，特别是山区。"

飓风"桑迪"的影响涉及美国东部 17 个州，其中 10 个州发布紧急状态，纽约州和新泽西州首当其冲，受灾最严重，时任美国总统奥巴马 10 月 30 日宣布这两个州为重大灾难区。纽约市的机场、公交车、地铁和铁路等公共交通系统因飓风关闭，在飓风袭来时也遭受了较大程度的破坏，特别是有着 108 年历史的纽约地铁系统遭遇了最严重的破坏。纽约证券交易所也因为飓风罕见地关闭了两天。

三、应急措施

1. 牙买加

时任牙买加首相波蒂娅·辛普森表示："这是一个强大的风暴。政府很重视风暴带来的威胁，我号召所有牙买加居民尽一切可能防范风暴带来的危害。"时任牙买加灾害防御和应急管理办公室的负责人罗纳德·杰克逊表示，寻求进入避难所的居民人数不断增长。"目前，应急避难所中有 437 人。"

2. 美国

纽约的公交、地铁和地区铁路系统因飓风已经全部关闭，纽约肯尼迪国际机场和拉瓜迪亚机场进出港航班被大规模取消，纽约中小学全部停课。政府的非应急部门则放假一天；同一天，包括纽交所和纳斯达克在内的美国证交市场全面休市，这也是纽交所 27 年来首次关闭交易大厅。29 日下午 2 时开始，布鲁克林炮台隧道以及曼哈顿闹市区的荷兰隧道也都被关闭。上千名国民警卫队驻扎到纽约市和长岛的多个地点，超过 37 万市民进行紧急疏散。纽约市开放了 76 所学校作为临时的避难所，那里还提供免费的水和食物。

在避难所的附近，可以看到用英语、西班牙语、中文和韩语等多种语言书写的告示，为有需要的市民指明方向，并且提醒他们需要注意的事项。

复 习 思 考 题

1. 列举几个我国历年遭遇的强台风。

2. 造成台风"莫拉克"强大破坏力的主要原因是什么？请简要说明。

3. 台风"菲特"形成的主要原因有哪些？

附录一　洪涝台风灾害急救知识

一、施放求救信号

- 可以采取大声喊叫、吹响哨子或猛击脸盆等方法，向周围发出声响求救信号。
- 可以使用手电筒、镜子反射太阳光等方法，发出光线求救信号。
- 当你在高楼遇到危难时，可以抛掷软物，如枕头、塑料空瓶等，向地面施放求救信号。
- 当你在野外遇到危难时，白天可燃烧新鲜树枝、青草等植物发出烟雾；晚上可点燃干柴、发出明亮闪耀的红色火光，发出烟火求救信号。
- 用树枝、石块或衣服等物品在空地上堆出"SOS"或其他求救字样，向高空发出求救信号。

二、报警求救

紧急报警电话全国统一为：匪警"110"、火警"119"、医救"120"。拨打这三个电话，不用拨区号并免收电话费；投币、磁卡电话不用投币插磁卡。

- 当遇到发生灾害事故、家人（旁人）在紧急状态下需要公安机关救助时，都可以拨打"110"报警求助电话。拨通"110"电话后，应再追问一遍："请问是'110'吗？"一旦确认，请立即说清楚灾害事故的性质、范围和损害程度等情况，并说明求助的确切地址。
- 当遇到火灾或化学事故时，应立即拨打"119"火警电话。拨通"119"电话后，应再追问一遍对方是不是"119"，以免打错电话。准确报出失火的地址（路名、弄堂名、门牌号）。如说不清楚时，请说出地理位置，说出周围明显的建筑物或道路标志。简要说明由于什么原因引起的火灾及火灾的范围，以便消防人员及时采取相应的灭火措施。
- 当遇到自己或他人突然发生重伤、急病等情况时，可以拨打"120"医疗救护电话。说清需要急救者的住址或地点、年龄、性别和病情，以利于救护人员及时迅速地赶到急救现场，争取抢救时间。

切记拨打报警电话是非常严肃的事，不要开玩笑或因好奇而随便拨打。

三、溺水急救

当你不熟悉水性、意外落水，附近又无人救助时，首先应保持镇静，千万不要手脚乱蹬拼命挣扎，这样只能使体力过早耗尽、身体更快地下沉。正确的自救做法是：落水后立即屏住呼吸，踢掉双鞋，然后放松肢体等待浮出水面，因为肺脏就像一个大气囊，屏气后人的比重比水轻，所以人体在经过一段下沉后会自动上浮。当你感觉开始上浮时，应尽可能地保持仰位，使头部后仰。只要不胡乱挣扎，人体在水中就不会失去平衡。这样你的口鼻将最先浮出水面可以进行呼吸和呼救。呼吸时尽量用嘴吸气、用鼻呼气，以防呛水。

一旦发现溺水者，应立即采取以下急救措施：

（1）清除口鼻里的堵塞物。使溺水者头朝下，用手指清除其口中杂物，再用手掌迅速连续击打其肩后背部，让其呼吸道畅通，并确保舌头不会向后堵住呼吸通道。

（2）打通呼吸道后，要立刻倾出呼吸道积水。抢救者一腿跪地，另一腿屈起，将溺水者俯卧于屈起的大腿上，使其头足下垂，然后颤动大腿或压溺水者背部，使呼吸道内积水倾出。或者让溺水者俯卧于抢救者肩部，使其头足下垂，当抢救者来回跑动时就可倾出其呼吸道内积水，注意千万不能将溺水者头朝上抱着。

（3）上一步骤中倾水时间不宜过长，有水吐出后马上做人工呼吸。将溺水者仰面躺在地上，使其头部后仰，用一只手捏住其鼻孔，嘴对嘴轻缓吹气，注意溺水者胸部有没有隆起和回落，如果有，说明呼吸道畅通；尽可能快地做 6 次呼吸，然后以每分钟 12 次的频率继续施行，直到溺水者恢复正常呼吸。

（4）胸外心脏按压。如果患者心跳、呼吸全部停止，应立即进行胸外心脏按压。将病人仰卧在地上，按压者左手掌置于患者胸骨下 1/3 处。右手掌压在左手背面，垂直向下按压，使胸骨下陷 2～3 厘米。然后放松，频率为每分钟 60～70 次。应注意掌握好压力，防止用力过重致肋骨骨折、肝脏破裂等。对于儿童可用一只手按压。若能触到颈动脉搏动，说明心脏按压有效。

（5）呼吸心跳恢复后，应注意保暖，并按摩四肢，促进血液循环，加快病人康复。

（6）在进行上述方法抢救的同时，还应尽快与就近急救中心求救。

四、雷击急救

在雷电多发的夏季，人们对防雷电应该高度重视，掌握一些救急救命的方法。

防雷知识漫画图片

• 如果被雷电击伤后如衣服等着火，应该马上躺下，就地打滚，或爬在有水的洼地、水池中，使火焰不致烧伤面部，以防呼吸道烧伤窒息死亡。救助者可往伤者身上泼水灭火，也可用厚外衣、毯子裹身灭火。伤者切记不要惊慌奔跑，这会使火越烧越旺。烧伤处可用冷水冲洗，然后用清洁的手帕或洁净的布包扎。

• 如果雷电时发现有人突然倒下，口唇青紫，叹息样呼吸或不喘气，大声呼唤其无反应，表明伤者意识丧失、呼吸心跳骤停。这时应立即进行现场心肺复苏。据统计，在伤者心跳骤停的 6 分钟内若能有效地进行心肺复苏，其抢救成活率可达 40％以上；但延误抢救时间，成活率明显下降，若心跳停止 15 分钟后才进行心肺复苏，伤者生存希望几乎是零。而且在伤者心跳骤停 6 分钟后即使复苏成功，也会给神经系统等带来严重的后遗症，如长期昏迷最终死亡。

五、泥石流或房屋倒塌等固体物造成的窒息

假如窒息时是独自一人，也不要惊慌失措，窒息时可以用自己的双手按在腹部上，并向上挤压，最好把腹部对准椅背角或桌子边角用力向上挤压，这能使腹部压缩，让肺部气体把异物推挤出去，其他方法也可使用。

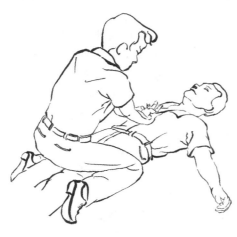

窒息急救措施

由于泥石流或者房屋倒塌等灾难发生，固体物造成人员窒息时，可采用以下急救措施：

• 如果窒息者站着或坐着，救助者可从窒息者身后将其拦腰抱住，一只手握拳放在窒息者腰部肝脏下方（右上腹），将另一只手放在拳上，向头部方向重力挤压，直至异物被顶出气管。

• 如果窒息者躺在地上，救助者无须将其抱起，可以用一只手手心向下放在其上腹部，另一只手叠放在上面使劲向上（即头部方向）推压。

若有条件，应让其他人打电话叫急救车请医生前来抢救。

六、骨折急救

• 骨折发生后，应当迅速使用夹板固定患处。如果不固定，让骨折部位乱动，有可能操作神经血管，造成麻痹。但是，骨折时，由于局部有内出血而不断肿胀，所以不应固定过紧，不然会压迫血管引起淤血。

• 固定方法可以用木板附在患肢一侧，在木板和肢体之间垫上棉布或毛巾等松软物品，再用带子绑好。松紧要适度。木板要长出骨折部位上、下两个关节，做超过关节固定，这样才能彻底固定患肢。如果没有木板可用树枝、木棍等物品代替。

• 安全转运。经过现场紧急处理后，应将伤者迅速、安全地转运到医院进一步救治。转运伤者过程中，

骨折发生后，应迅速使用夹板固定患处，家庭可用木板或坚硬纸皮。

骨折后用夹板固定患处

要注意动作轻稳，防止震动和碰撞伤处，以减少伤者的疼痛。同时还要注意伤者的保暖和适当的体位，昏迷伤者要保持呼吸道畅通。在搬运伤者时，不可采取一人抱头、一人抱脚的抬法，也不应让伤者屈身侧卧，以防骨折处错移、摩擦而引起疼痛和损伤周围的血管、神经及重要器官。抬运伤者时，要多人同时缓缓用力平托；运送时，必须用木板或硬材料，不能用布担架或绳床。木板上可垫棉被，但不能用枕头。

七、外伤出血急救

1. 少量出血

患者伤口出血不多时，可做如下处理：

• 救护者先洗净双手（有条件时，应戴上防护手套），然后用清水、肥皂把患者伤口周围洗干净，用药棉、纱布或干净柔软的毛巾、手绢将伤口周围擦干。

• 伤口内如果有沙土或其他微小污染物，可先用清水冲洗出来。

用清水处理伤口

• 用创可贴或干净的纱布、手绢包扎伤口。

• 不要用药棉或有绒毛的布直接覆盖在伤口上；除敷料外，也不要用其他任何止血物品覆在伤口上。

2. 严重出血

（1）控制严重的出血，要分秒必争。最直接、快速、有效的止血方法就是直接加压法。

• 用干净的纱布垫或布（棉）垫直接按压在伤口上。如果一时没有干净的布垫，救护者可用洗净的双手按压在伤口的两侧，保持压力 15 分钟以上，不要时紧时松。

• 如果患者的血渗透了按压在伤口上的布垫，不要移开，可以再加盖一块布垫继续加压止血。

• 用绷带或布条将布垫固定。若伤口在颈部，则不宜用绷带固定，可用胶布固定。

• 如果伤口在四肢，固定以后要检查患者肢体末端的血液循环情况，若出现青紫、发凉，可能是绷带扎得过紧，要松开重新缠绕。

（2）当伤口内有较大的异物（如刀片或玻璃碎片）难以清理时，不要盲目将异物拔出或清除，以防止严重出血和加重组织损伤。这时需要采取间接加压止血法：

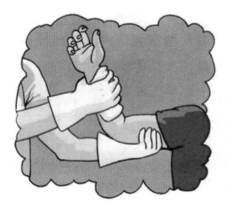

用纱布压住伤口

• 在伤口周围或伤口两侧垫上干净的纱布垫或布（棉）垫，再用绷带或三角巾将垫缠绕包扎固定，在伤口周围加压止血。

- 如果受伤处的衣裤妨碍包扎，可先将衣裤剪开。
- 包扎结束后，要检查患者血液循环情况。
- 尽快送患者去医院救治。

3. 止血的辅助方法

患者伤口出血时，如不怀疑受伤肢体有骨折或其他损伤，可在直接加压止血的同时抬高并支持伤肢，使其高于心脏，有利于止血。抬高伤肢时，由于局部血液循环减少，可减轻伤处出血、肿胀。

如果怀疑患者有骨折或其他不宜移动伤肢的损伤，在为患者止血的同时要将伤处固定。固定伤肢可限制局部活动，避免骨折断端因活动而给周围组织造成更多的损伤和出血。

包扎伤口

抬高伤肢

4. 外伤包扎

发生外伤后及时妥善地包扎，可以起到压迫止血、减少感染、保护伤口、减少疼痛和固定骨折等作用。包扎常用的材料有绷带、三角巾、纱布垫等。包扎材料要清洁、柔软、吸水力强。如果没有专用的包扎材料，可以就地取材，使用干净的毛巾、手绢、床单、衣物、口罩、领带等作为临时的包扎材料。包扎伤口时要做到：

- 动作尽量轻巧，包扎松紧要适度。
- 不可用手触摸伤口及敷料与伤口接触的内侧。
- 必要时，救护者要先戴上防护性手套再为患者包扎伤口，以防经血液感染疾病。
- 包扎完成后，必须检查肢体血液循环的状况，方法如下：按压手指（脚趾）甲，放开手后 2 秒钟，手指（脚趾）甲如不能迅速恢复红润，仍然苍白，说明血液循环不佳；还可观察伤肢远端的皮肤是否苍白，询问患者伤侧手指（脚趾）尖是否麻木，如果苍白或麻木，说明血液循环不佳，则应松开绷带，重新包扎。

戴防护性手套

附录二 洪涝台风相关名词解释

1. 热带

热带是地球表面界定热量特别集中的地带，处于南北回归线之间的地带，地处赤道两侧（23.5°N～23.5°S），占全球总面积的39.8%。热带的气候特点是全年高温，没有明显的季节变化，只有相对热季和凉季之分或雨季、干季之分。这里虽然很热，但最热月份的平均气温并不太高，绝对最高气温很少超过38℃，最低气温很少低于18℃。

2. 副热带

副热带又称亚热带，位于温带靠近热带的地区（大致23.5°N～40°N、23.5°S～40°S附近）。亚热带的气候特点是其夏季与热带相似，但冬季明显比热带冷。最冷月均温在0℃以上。

3. 梅雨

每年夏初在江淮流域一带常会出现的连绵阴雨天气，此时正值江南梅子黄熟季节，故称"梅雨"，又因这时空气湿度大，衣物等容易受潮发霉，因而又有"霉雨"之称。入梅时间大多在6月6—15日，出梅日期大多在7月6—10日，入梅与出梅最早、最晚可差40天左右。

4. 风力

空气的水平运动称为风。风的来向称风向，风的大小用风速（m/s）表示，通常分0～12共13个等级。

平均风力在6级以上，阵风在7级以上的风，气象上就称为大风，大风一年四季都有可能发生。

5. 雨量

雨量（降雨量）是指降到地面未经蒸发、渗透、流失的水，用积聚在水平面上的深度来表示。

雨量等级，小雨指24小时降雨量小于10mm，中雨10～25mm，大雨25～50mm，暴雨50～100mm，大暴雨100～200mm，特大暴雨大于200mm。

6. 洪水

由暴雨、急骤融冰化雪、风暴潮等自然因素引起的江河湖泊水量迅速增加或水位迅猛上涨的水流现象。

7. 热带气旋

热带气旋生成于热带或副热带洋面上，具有有组织的对流和确定的气旋性环流的非锋面性涡旋的统称，包括热带低压、热带风暴、强热带风暴、台风、强台风和超强台风。

8. 风暴潮

风暴潮是由气压、大风等气象因素急剧变化造成的沿海海面或河口水位的异常升降现象。由此引起的水位升高称为增水，水位降低称为减水。

9. 水库漫顶垮坝

土石坝一般不允许坝顶溢流，水库漫顶垮坝是指土石坝由于集中暴雨、防洪标准低、上游水库垮坝、闸门故障、溢洪道泄流能力不足等原因，导致水库中的水位在短时间内急剧升高超越坝顶，导致坝体垮塌的现象。

10. 水库多年调节

水库在存蓄当年洪水后还有富余库容时，把丰水年的水量全部或部分蓄留在库内，留待枯水年使用。

11. 水库日调节

水力发电的用水量每天都有变化，把不发电时的水量蓄存起来，以使发电时用水量增加。

12. 库容

水库某一水位以下或两水位之间的蓄水容积；表征水库规模的主要指标；通常均指坝前水位水平面以下的静库容。

13. 总库容

校核洪水位到库底的全部库容。

14. 兴利库容

设计蓄水位与汛前限制水位之间的库容。

15. 永久淹没区

设计蓄水位以下的区域。

16. 临时淹没区

设计蓄水位至校核洪水位的区域。

17. 泵站工程

利用机电提水设备增加水流能量，通过配套建筑物将水由低处提升至高处，以满足兴利除害要求的综合性系统工程。

参 考 文 献

［1］ 阚男男，吴雅楠 . 中华青少年科学文化博览丛书：气象卷——图说台风和寒潮 ［M］. 长春：吉林
出版集团有限责任公司，2013.

［2］ 浙江省人民政府防汛防台抗旱指挥部办公室，中国水利博物馆 . 公众防汛防台抗旱知识读本——
防台风篇 ［M］. 北京：中国水利水电出版社，2016.

［3］ 吕元平 . 水利工程概论 ［M］. 北京：水利电力出版社，1984.

［4］ 林继镛 . 水工建筑物 ［M］. 北京：中国水利水电出版社，2009.

［5］ 沈长松，王世夏，林益才，等 . 水工建筑物 ［M］. 北京：中国水利水电出版社，2008.